U0032091

"凱爺教你"
從零元到億元的
品牌淬鍊之路

迎向新零售時代
創業者必讀品牌行銷經典
凱爺的整合行銷8堂課

凱爺 唐源駿 著
陳薪智

Lesson 1 —— 360 品牌系統，整合行銷面面觀

什麼是品牌？

散見國內外各類書籍，大概不會少於千種以上的說法，孰是孰非並非探討品牌的重點。重點應是，品牌究竟應該為企業帶來什麼？以及怎樣可稱之為品牌？

所有的品牌之路，起於一個名字的稱呼，希冀成就一個在眾人心中認定為享譽全球的知名品牌。也因此，從稱呼到品牌，從品牌到名牌，是論品牌發展的兩個重要階段。

從稱呼到品牌，談的是「指名度」

在消費者腦海浮現某個特定需求主題的時候，你的品牌是不是第一個從消費者腦海中浮現的名號，因為所有的品牌商品選擇由此而生。從手機指名只用 iPhone 的果粉，到搭乘飛機指名非某家不搭；從便利超商琳瑯滿目的茶飲內，挑選萬中選一的佼佼者；乃至於在你家門口的三家早餐店，縱使不是連鎖知名早餐，聰明如你還是能輕鬆的使喚家人，指定要吃街口老闆娘或是早餐西施那家，買回你所指名的漢堡加蛋配大熱紅，而老闆娘總是會記得你不加洋蔥或是番茄醬。

這是「指名度」，無論你有沒有富爸爸給錢讓你上全國電視廣告，還是你商品力強到客人早在店門打開前，就已經排隊排到雨傘、板凳全來，尤有甚者是醉翁之意不在酒，許多西施賣的不論是檳榔還是奶茶，隨便拿粉沖兩下的業績，都打死凌晨起早熬煮的那些三五十年老字號茶鋪。

說來諷刺，人人都說商品力重要，但那絕不是成為指名度的唯一方式，人們常說：「花若盛開，蝴蝶自來。」多半假想著就是要有完美的商品才能吸引消費者。其實花可以是商品力，可以是服務力，也可以是任何吸引消費者買單的關鍵因素，但大部分的人都忘了，在一個無風的環境裡，就算是世界最香的花朵盛開了，沒有風的傳遞，也無法吸引遠在千里之外的蝴蝶來採。所以吸引消費者買單的關鍵因素是一點，推波助瀾吸引蝴蝶上門的「行銷推廣」（Marketing & Promotion），是另一個不可或缺的部分。唯有這兩個關鍵因素，內外兼備統一口徑向消費者腦袋持續入侵，才能成就品牌指名度的成就條件——當消費者需求出現時，你的品牌是第一個在腦海冒出來的印象。

「指名度」讓一個名不見經傳的商品，成為一個品牌的里程碑。但隨著「指名度」與市占率提升，將吸引更多競爭者進入，無論是舊有競爭品牌的反擊或是新進競爭者的加入，對短期要搶占市場，其中最簡單的策略就是降低成本，結果論來說就是市場即將迎來割頸式競爭的紅海，同質性商品充斥，價格戰硝煙四起。

然而，成就品牌長久經營之路是品牌是否能夠提供消費者獨特，且無法輕易被取代的商品或服務，更精準來說是否擁有多樣或多重的品牌核心群，不會因為只擁有單一的競爭優勢，而輕易的被競品取代。例如製造成本或是產品功能，甚至是主訴求 C/P 值的商品，終究市場會有比你更便宜的商品，無論是規模經濟的採購成本或是上游直接倒貨亂價入市，品牌肯定在消費者腦海裡要有比價格更重要的事情，才能從割頸紅海裡倖存。

　　另一方面，從商品延伸的角度來說，品牌從來就不是只靠賣實際商品就能贏得市場的，而是整個消費者從知悉接觸品牌開始，一路到使用商品，乃至後續的客服客訴，甚至是回購及會員服務的這整段服務。也就是消費者旅程的體驗滿意度，奠基了品牌在對抗價格競爭時所能成就的「溢價力」；而「溢價力」才能帶領一個品牌從大小不斷的市場競爭中全身而退，保持營利，穩定踏實的行走於品牌之路上，最終成就一個百年名牌。

　　所以我們又該如何著手形塑「指名度」與「溢價力」呢？誠如文前所言，「指名度」與消費者印象息息相關，而「溢價力」更是需要精準的品牌核心撐腰，才能成就。所以就讓我們從品牌核心，來揭開 360 品牌系統的面紗吧。

撐起品牌三大支柱：品牌核心

　　請舉出品牌三到四個最重要的核心競爭優勢，它必須是企業有信心或是能力可以達成，或是在可見的未來預期可以達成，而並非天馬行空或是憑空捏造；如果企業擁有任何獨特、獨有甚至是全球唯一的核心能力，則請優先列出這些競爭優勢，請盡量用具體的文字描述，多用名詞、少用形容詞，或是無法量化、好壞全憑個人主觀感受認定的描述都請少用；而這些品牌核心必須要對消費者具有意義或是產生價值，且至少有一個應該是感性字眼。

我想分享在這個階段裡輔導品牌過程常常遇到幾種有趣的反應：

信心滿滿，洋洋灑灑寫完幾大品牌核心的老闆，答案都非常有趣，他們寫出來的品牌核心，多半是「時尚、便宜、划算」。

我還遇過講話很大聲的女老闆對我說：「我家的東西就是漂亮，美就對了！」我常常邊鼓掌邊說好，接著便問：「所以你們的品牌保證是市場上最時尚的？最便宜的？或是 C/P 值最高的？」答案往往卻都不是。

從另外一個角度看來，也沒有誰能為品牌站台證明老闆所說的這些形容詞是品牌當之無愧，也沒有任何得以佐證的強力奧援能夠證明啊！

所以說，品牌核心不是老闆說來自爽的，而是傾其全力經營得來的，是消費者付錢的理由，是能解決客戶的痛點，是符合客人使用情境的最佳選擇，而非品牌自說自話的一言堂。

也有苦思半天，想不出一個品牌核心的苦情「腦闆」，總覺得消費者給自己錢是運氣好，如果真要謝誰，那就謝天吧！一點都不體認品牌經營其實創辦人自己就是品牌靈魂。一個無法領導品牌邁向明確未來的創辦人，無疑是把品牌當成丟進海裡的廢棄物，消費者掏錢倒成了願者上鉤的傻瓜。其實，老闆也不用如此沒有自信，轉換一下角度，到市場看看競品，想像自己是消費者，在類似需求出現的時候，選擇自己或是競品的原因是什麼？腦袋裡自然就能浮現幾個品牌核心的候選人。

有許多老闆出身業務、財務、資訊甚至是研發背景，往往在面對形塑品牌核心的過程時太過理性，以至於品牌的感性面無從源起。但品牌力其實奠基於感性認定，「溢價力」的本質絕對不是針對商品用料稱斤論兩的賣，而是對於整個品牌的全面認定，所以一個無法訴求感性核心的品牌，未來面對品牌包裝時候會覺得無計可施。

好不容易總算列出了幾個看來不錯的品牌核心，卻發現這幾個也滿適合市場上其他幾個競品拿來套用，總覺得把表頭的品牌換成競品名字，看來也不甚違和。這時候就要老闆跟團隊再反覆燒腦，看能不

能在博覽審視品牌資源的時候，能再打出一張極為獨特的牌，然後與手上既存的幾張品牌核心牌結合，譜出屬於這個品牌的獨特 DNA。

如果以上的這幾點，品牌都經歷淬鍊後才定調了品牌核心，那麼要先恭喜你，這會是 360 品牌系統的第一步。由此起步，我們將展開一連八道關卡，最終將能成就「品牌系統白皮書」：一本在企業內針對品牌所量身打造的最高憲法，也將能憑此帶領所有品牌核心幹部與公司同仁們邁向共同目標。

當然，也會有人提問說核心是不是不能改變？其實品牌跟人一樣，都會因為時空變遷，而因地制宜的調整方向，但改變品牌核心茲事體大，成就品牌核心將耗費公司極大的資源，改變亦如是，不可不審慎為之。

🖋 由內而外價值觀：品牌承諾

有別於品牌對外的口號 SLOGAN，品牌承諾則是要將品牌核心，以具體形式描繪出企業對於品牌所抱持的營運方針與永續願景。並藉此力求所有團隊同仁恪守信奉品牌核心，進一步創造獨有的企業文化與價值觀，逐步建立品牌由內而外的向心力，甚至是延展到網路世界圈粉的社群力。

🖋 消費者五感六意：品牌象徵

所有一切能觸發消費者想像進而聯繫到品牌本質的，皆屬象徵的一部分；所有知覺皆從視覺開始，所以從品牌最原始的名稱與 LOGO，乃至於品牌周邊的 VI（視覺識別 Visual Identity），以及店頭陳列的 SI（空間識別 Space Identity），都是品牌象徵裡的基本面，進而由淺入深，擴大範圍成就五感六意的圓滿感受。

眼（視覺）：如何透過象徵、符號或 ICON，讓消費者能直接聯想到品牌，譬如：可口可樂的紅色、氣泡感或曲線瓶；海尼根的 STAR 星形符號；提提研面膜的法國、鐵塔、優雅女性等元素，都是透過 VI

（視覺識別 Visual Identity）形塑品牌形象，達到無須言說，甚至不用表明品牌名稱，卻能讓消費者意領神會，那些品牌想透過視覺象徵傳達出的品牌內涵。

耳（聽覺）：一個品牌如果要用聲音表達精髓，究竟該是怎樣呢？打個比喻，說如果消費者被布袋蒙頭走進便利超商，在通過門口的時候，其實就知道自己進了哪個連鎖超商了。許多品牌會使用美妙的聲音，譬如鐵板上嗞嗞作響的五分熟牛排、劈劈啪啪爆開的爆米花，甚至是食用拉麵時所發出唏哩呼嚕、一口接一口的吞食聲音。有些品牌則會使用場景的聲音，譬如進行 SPA 療程時候所搭配的海浪聲、或是強調時尚新潮的品牌，常常希望凸顯消費者第一眼看見的驚呼聲，都是常見的手法。

鼻（嗅覺）：具體化情境氛圍即是嗅覺，它是一種是情境塑造，品牌建立希望消費者舒適消費的環境，藉以提高黏著度與客單價。在此情境空間下，可以甜美浪漫也可以時尚搖滾，當然也有放鬆舒緩或是附庸風雅，每種風格的味道，都代表了品牌想要打造哪種吸引消費者進入的環境。譬如國際知名香水品牌 Jo MALONE 在消費者購物後的紙袋內外，都煞有介事的噴上香水，就是想塑造獨有的消費情境與品牌儀式。

另一種則是具體化期待，特別適合電商品牌思考，許多網路品牌在商品接觸消費者之前，並無機會像是實體通路一樣具體展現五感，也因此在消費者購買後，開箱的那一瞬間，就應該補足消費者對品牌的期待，譬如噴上適合品牌風格的特色香水，甚至如果是購物平台，可以在包裝內袋考慮噴上能讓消費者感到滿足或喜悅的香味，增加消費者旅程最後一段的滿意度，進而建立暗示性的品牌樣貌。

舌（味覺）：其實許多非食品品牌遇到這一關都會楞住，想說不是做吃的是要怎麼塑造味覺啦？但其實味覺在品牌象徵裡是個補充角色，主要是希望在整個消費情境中，透過相關飲食融入想要呈現的概念，能讓品牌整體在消費者心裡更為具體，甚至能創造情境觸發消費欲望。

透過具體例證可以幫助大家思考味覺的形塑，假使今天品牌要舉辦 VVIP 聚會，想邀請品牌貢獻度最高的前一百名會員前來參與，現場我們要選擇怎樣的食物，以匹配我們整個聚會的風格以及品牌預想塑造的氛圍。

而縱使是食品品牌，我們也不建議強調品牌的單一口味作為整體象徵，除非品牌只有單一商品，否則多半需要定調品牌長期走向，是預想提供消費者何種概念或是口感的商品，並持之以恆以研發與行銷塑造品牌印象。譬如麵食品牌可能會定調為懷念的台灣味，藉以強調品牌產品定位為台灣坊間常吃的口味；零食品牌就依著人們喜歡嘗鮮的欲望，以創新概念發展商品，並強調「涮嘴」口感，保證好吃到讓人一口接一口，欲罷不能。又或者是直接把口感形容出來了，譬如「古道梅子綠茶」的「酸 V 啊酸 V」代表台語中的微酸口感，這些都是味覺上具體的印象塑造。當然也有用情境塑造的口感記憶，譬如日本知名飲品可爾必思就說它們是初戀的滋味，而左岸咖啡到底開在法國左岸的哪裡？在狂銷百萬罐後，還有誰記得初戀或是苦尋左岸咖啡館嗎？

身（觸覺）：人生中許多的記憶也與觸感有關，身體自有它一套記憶的模式，從出差時，縱使五星級飯店床鋪再高級，身體終究戀床，在身體躺在不同承壓能力的床墊上時，身體自會知道不同。又或是從小就不離身的小被被，突然被媽媽拿去洗，大概也就料想失去熟悉感的今晚，不免得輾轉難眠。

其實我們可以從實體店面商品陳設，以及它被消費者觸摸或是移動的痕跡發現，觸覺其實在整個購物感知過程中至關重要。不過當消費場域移轉至網路後，關於商品的材質說明，或是詳細圖說便成了購買決策關鍵資訊之一。

人對於觸覺同樣有其投射方式，而觸覺也多半與使用情境密不可分，美國棉雖說是原料商，實際觸覺卻得依各品牌所選的織法與款式版型有所差異，也因此美國棉選擇了白雲靄靄的雲朵作為觸覺投射的方式，我們似乎無法真實的觸摸到遠在天際的雲朵，但卻能夠想像

朵的柔軟與輕巧。

意（感覺）：意念也就是意識，是消費者最終認知品牌的集合概念，品牌的任務就是要創造讓消費者一眼分辨得出差別之處，謂之識別。因為五感大多不是單軌運行，消費者在這過程中，潛意識逐步被置入消費暗示，譬如有個知名實驗，是在餵食狗兒之前都搖動手鈴建立狗兒對聲音的潛意識，意即聽到手鈴響起就可以飽餐一頓，同時大腦便催化唾液分泌，而後縱使手鈴響起，實際並未餵食，狗兒的大腦潛意識仍會在接受到暗示後便分泌唾液。也因此，如果品牌操作得宜，創造能在消費者需求出現的同時，意即情境出現之時，便能讓品牌成為第一個伴隨需求出現的品牌，那麼便是擁有了消費者的「指名度」。而情境的養成就是意識的認知，而創造情境的方式便是五感，此即為我所稱的品牌五感六意。

究竟購買咖啡是為了好喝的味覺？還是醒腦的嗅覺？還是其實只是享受一個看似能讓自己得到放鬆的時間？或是想身處一個 IG 景點的浪漫氛圍？抑或是期待清醒喝了再上的潛意識暗示？或許這會是為何路邊烘培咖啡豆的小店，都想把排氣管對著大街放送的原因，而這也是五感六意操作的奧祕。

🖋 讓口碑為你撐腰：基礎權威

基本上就是要建立消費者對於品牌信任的方式，我個人以權威基礎金字塔分層說明如下：

一層：第三方權威機構
二層：專家達人
三層：藝人名人
四層：素人口碑

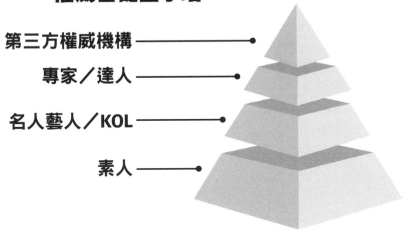

權威基礎金字塔

第三方權威機構 ————————————
專家／達人 ————————————
名人藝人／KOL ————————————
素人 ————————————

　　第一層「**第三方權威機構**」，主要是透過第三方權威機構證明品牌核心存在。許多品牌的理性核心，多半能提出眾多第三方權威機構的相關證明，如：SGS、ISO、HACCP、FDA 等食品認證，米其林標章、國內外各領域獎章，或是各級政府機關或民間協會的認證。另一種便是透過權威媒體報導，建立閱聽者對品牌的信任，有別過往傳統媒體生態，網路世代的媒體報導，多半聚焦於電子與網路新聞的傳播，一部分是因為網路傳播工具特性，平面雜誌類報導先天欠缺可快速再被分享的便利性，而另一個方面則是電子新聞的報導片段，則更容易成為再傳播的素材，大大強化過往傳統媒體的觸及度與持續性。這也是未來網路時代與傳統產業持續融合後，即將產生的混血世代重要趨勢之一。

　　第二層「**專家達人**」，利用具有專業權威的專家達人，為品牌背書或證言推薦。多半使用在品牌核心，強調產業專業或是信任的時候，譬如醫師、律師、營養師、美妝保養達人、房產專家、設計師等。

第三層則是鎂光燈前的「**藝人與名人**」，透過品牌代言的方式，成為消費者腦中對於品牌的具體形象。有別於其他信任金字塔的層級，本層先天有聚眾的效果，也就是品牌能夠直接獲得藝人名人背後所帶來的分眾粉絲，快速得到建立品牌紅利，這也是為何許多新創品牌，會在初期一擲千金找尋代言人登場的原因。冀望透過藝人名人的聲望與形象，直接大範圍的刻畫品牌印象在消費者腦子裡；但愈快速的方式也有其操作風險，過度強烈的代言人，會限縮或僵固品牌在消費者腦中印象。意即代言人等同品牌個性，負面醜聞連帶拖累品牌聲譽受損，所以品牌在挑選代言人之時，也不可不察。

　　最後一層則是「**素人口碑**」，品牌產品力在長久積累之下，多半會有為數者眾的素人口碑，成為新客首次購買時的考慮點，擁有素人口碑乃至於所謂品牌鐵粉的品牌，在新客轉換率上，將較不具備口碑的品牌高出許多。也因此許多品牌在網路時代的社群策略益發強調互動與分享，就是希望能夠創造更多口碑與接觸點，以利消費者無論何時何地，均能無礙的認知品牌並建立信任。

品牌最燒腦：感性 vs. 理性利益

　　Benefit，顧名思義就是能夠帶給消費者的「利益」，大部分不外乎「ADD 增益強化」、「DELETE 減免閃避」、「SOCIAL 社交威望」，三個方向。

　　對於能夠得到快樂滿足的事物，我們總想要「ADD」，所有號稱白澎大商品，都是如此；生老病死苦，或是悲歡離合喜怒哀樂，多半想「DELETE」它；看似沒有實質效益的事情卻對我們很重要，多半就跟「SOCIAL」有關；這三件事情不必然獨立，也可能同時存在。

　　而無論是在哪個利益趨向下，它背後一定會有消費者在購買決策時，希望品牌商品或服務能夠完成的任務或課題，也有些人稱其為痛點。而無論任務、課題或痛點為何，都會跟隨著消費者腦海裡的情境

有所不同，而這才是接下來新世代的行銷挑戰，究竟品牌能不能跟隨著消費者的呼吸，起伏。

而我們需要看到的還有隱身在課題任務後面的黑暗面，那才是消費者的真實，如果品牌只是自以為理解消費者的需求，其實就像個老愛講冷笑話的老頭，自娛自樂，消費者卻從來不會被打動或投入，行銷當然也就不會動人，客人當然也就不會行動。

行銷不動人，客人不行動

女生為什麼每天都要打扮的漂漂亮亮出門？

是女為悅己者容嗎？

那個悅己是指的又是誰？老公、男友、還是給有潛力成為男友的人看？

女生購買商品真的是為了漂亮，還是為了漂亮之後的真實目的？

如果品牌能夠達到真實目的，那中間的過程還有價值嗎？還是純屬形式？我們又怎麼找到消費者心眼裡，那個暗黑真實目的。

婦幼展裡有個主打 C/P 值很高的背帶攤位，常常看見一家四口，通常是夫妻孩子與婆婆的組合，站著彼此交頭接耳討論一段時間後成交，有趣的是通常妻子臉是臭的，付錢的是老公，指揮若定的是婆婆，使用的是孩子。令人好奇和不解的是，為何喜獲新生兒歡喜來購物卻臭臉相對？靜候在一家旁邊才聽到每個人心頭的碎念：

付錢的是老公，因為他是夾心餅乾，只想要趕快買完離開婦幼展這個菜市場；婆婆指揮趕緊買完，是不希望媳婦去買什麼國際品牌又貴又用不久；媳婦則是覺得為什麼自己辛苦懷胎十月，連一個選擇背帶的權力都沒有，她可是孩子的媽媽啊！滿心委屈，於是臭臉以對。

有人想過孩子嗎？沒有，竟然從頭到尾都沒有考慮過使用者的體驗感受，卻可以一天成交百組以上，而這是一個年營業額約五千萬，

新創嬰童品牌的真實故事。

於是我們開始探討，究竟消費者在乎的真實目的是什麼？什麼樣的圖文訊息內容可以形塑情境，引誘真實需求與暗黑目的浮現，而這就是品牌系統得找出的真實利益。

為品牌建立形象：品牌個性

如果品牌是個真實的人物，你覺得她會是什麼樣子的？她又該用什麼樣的個性或態度，與目標市場消費者互動，才能傳遞品牌系統的關鍵訊息？事實上，品牌個性的具體形象，有時候與創辦人息息相關，甚至許多同名品牌就是雙位一體的情況。

品牌個性定調後，就能逐步延伸至第一線客服或店櫃銷售人員，以統一調性面對消費者，也才能創造一致性的品牌認知。另一方面，品牌個性逐步在公司同仁心中內化，便能塑造集體價值觀與獨有的公司企業文化，當然，品牌個性也是甄選品牌代言人的必要準則。

品牌烙印術：消費者印象

想像我們就如同《X戰警》的查爾斯可以影響人的心智，如果你可以放一個印象在消費者腦海裡，你會想要放什麼？有次，我遇到有位老闆，她開心說我希望放進去的是兩個字「快買」！我大笑，我說所以是標楷體字型，48號字寫上「快買」，你真的覺得消費者腦海裡浮現這兩個字，真的可以讓他們買單嗎？

目的當然重要，但真正能讓消費者買單的有時是過程，過程才能溢價。

所以我們應該要放什麼印象進消費者腦袋？

應該要是正向訊息，甚至是種渴望，是一種情境塑造，或是種情

緒引導。所以我們看到傳統廣告以圖像的方式，強調情境，訴求情緒，都是為了讓消費者看的時候產生記憶，以便在相關需求出現的時候，腦海得以浮現一絲品牌的痕跡，讓消費者得以按圖索驥找到商品進行消費。

現在呢？品牌則希望建立雙向流動機制，不僅僅是被動的等待消費者想起自己，而是更加主動地建立鋪天蓋地的接觸點，從實體到虛擬，從單屏到多屏，於是透過投放，無論是大剌剌的情境廣告，還是暗示型的品牌符號或是內容置入，品牌在即將到來的混血零售時代，勢必面對一場拚死搶奪接觸點的浴血之戰。

品牌始終如一：一脈相承

一路走到這裡，各位的品牌腦裡是否已經有具體的消費者印象了呢？把它具體描繪出來，再請各位回頭看看，之前我們在品牌象徵裡的五感六意裡提到的意，對比看看，你所描繪的消費者印象與先前定調品牌象徵的意，是否一致？

360品牌系統的橫軸是感性與理性，縱軸是內部與外部；最硬的在右上，最軟的在左下；左上跟右下則是呼應，從象徵意義到具體印象，將消費者腦中的情境，先解構再結構。

品牌核心與品牌承諾則依品牌特性不同，感性與理性比例各異，不妨把它想作太極，畢竟沒有全然感性或理性主導的品牌，人也並非單一思維的動物，而是感性理性交錯考量的思維方式。360品牌系統如果清晰，在裡頭遊走各方都能游刃有餘，外圍六個圓圈代表方方面面皆思慮清楚，內圈太極則是剛柔並濟，情理兼顧。

從基礎權威起跑，我們擁有的能力與資源所架構起的信任金字塔，是否能夠支撐起我們所宣稱的品牌核心。而這樣的品牌核心，是否能夠完成感性或理性消費者利益中，目標市場所賦與它的任務或課題。而在特定的情境裡，我們是否創造了完善的五感六意體驗，用消費者喜愛的態度及品牌個性，將品牌象徵置入消費者大腦內，成為最終的消費者印象。

學習別人的模型，是從零到一最快的方式，但建立自己的模型，卻需要從一到一百的不斷優化與調整；看別人做，不覺得困難，但自己才剛起手時便已經沉重到抬不起來了。我們可以輕「試」別人，卻無法用雙手將自己捧起，這是踏上品牌之路的首要試煉！

財經封面大爆紅，外銷十多國的爆米花「Magi Planet」

2016 年 6 月 16 號，一如往常的週四。一早，李佳祐（Ben）到公司巡視一樓工廠炒爆米情況，一顆顆玉米粒，在機台爆出巨響，瞬間變身白皙又珠圓的爆米花，一轉眼就堆疊成一座小雪堆。他接著看了幾份公司財務、開了幾個主管會議，傍晚五點多，突然出了什麼大事，霎時間，Ben 手機不斷狂響，LINE、Messenger 訊息一封接一封、Facebook 留言一則換一則，手機都快被訊息震到發熱。

這輩子認識的朋友剎那傾巢而出，連許久未見的研究所教授都主動挑出來恭賀他。Ben 心想：不會吧！瞅一眼記者私訊給他的網址，馬上從位置跳起來大喊：「哥不要搞我啊！」突然，腦海一片空白，他完全沒料想，自己公司品牌「Magi Planet 星球工坊爆米花」，竟登上商業周刊當期封面。

斗大標題《台灣爆米花征服 11 國戰記》燙印周刊首頁，一顆垂涎欲滴的爆米花，彷彿施了魔法，射出神力光芒。

Ben 會如此震驚，全因他以為自己先前受訪，只是台商新南向專題的一則內文小故事，篇幅可能只是一小角，「如果他（記者）跟我講說是封面故事，我真的會好好迎接……（笑）。」

沒想到有這一天，一篇周刊文章，竟成為星球工坊爆發點。原本是低調耕耘，年賺 2.3 億新台幣、市場觸角延伸 14 國的小公司，卻因為「一顆小小的爆米花，被當成廉價垃圾食物，在他手中，卻成了東南亞頂級商場的高端品牌。」這句報導，讓 Ben 體會到「Magi Planet 星球工坊爆米花」的走紅滋味，媒體加持的力量排山倒海而來……

「以前跟人家遞名片，說你好，我們家是『星球工坊爆米花』……『蛤？月球、地球？』反正就是怎麼講對方都不知道我們是誰。報導出來後，態度一百八十度轉變，百貨櫃最明顯，以前是要給人家試吃，那陣子顧客來，他們會說：『你就不用給我試吃了，每個口味都給我來一份。我有看過雜誌，我就是要來買你們家爆米花。』真的連介紹都不用講。」

如果說一篇封面故事，可以對一個品牌造成衝擊，Ben 所描述的大約就是這種情況了。不僅話題聲量短時間突然暴衝，就連業績也隨之成長 3、4 倍，熱度整整維持一季。但 Ben 知道，群眾是激情的；消費是盲目的，一開始大家沒吃過想嘗鮮，當市場慢慢冷靜下來，海水退潮才會知道沒誰穿褲子，也是見證品牌真工夫的考驗。

幸好，星球工坊銷量業績沒有暴跌，反而讓異業合作機會接連叩門，只因這八年「Magi Planet 星球工坊爆米花」所累積的品牌深度，沒因一波浪潮就給衝垮。回想那些比業績慘淡更難的挑戰，甚至連命都快丟失，Ben 過去早經歷不知多少回！

Chapter 1

血淚回憶錄：家道中落逼出創業魂

　　如果，Ben 家裡經濟沒有突然崩壞，也許他就不會走上創業一途，更不會有「Magi Planet 星球工坊爆米花」的出現。過去媒體報導，多以他從手機通訊工程師，轉變研究爆米花的角度切入。但更多實情沒有挖掘的是，Ben 因緣際會創業，對理財投資特有感，背後的生命結構，更多是與他的家庭背景有關。

　　「我爸爸那時在銀行上班，他覺得，領銀行死薪水還不如投資股票，的確他在股票賺非常多錢。我後來聽長輩在講，要是那時候他收手，應該可以買下整條街的房子，現在我們完全是不愁吃穿。那時候八十萬還一百萬可以買一間房子，之前曾跟我爸聊，他才說以前一天股票賺的錢，可以買一間房！」

　　但，人在當下，就像著魔。一直賭一直贏，不願收手。但一次跌跤，就把畢生的心血全部咬回去。

　　還是國小生的 Ben，根本不曉得家裡到底賠了多少錢，隱隱約約只感覺到家裡的經濟狀況好像突然下滑了。直到上大學，他依稀記得，那時候父親明講一個月只給 6 千塊錢當生活費，其他不夠的「你自己負責」！精細一算，假如一天三餐壓在 150 元，一個月也要 4 千 5，剩下的還要買書、油錢、娛樂、治裝，加加減減根本難以度日。

　　「那時候我有時候會故意漏吃一餐，想說，沒吃就可以省錢去買一些東西。」當時不要說娛樂，連要買一杯珍珠奶茶，都要斟酌再三。餓久了，有一天 Ben 突然清醒，「我幹嘛要虐待自己啊！」

　　他覺醒後開始自食其力，打工機會從校內找到校外，只要有賺錢機會，他在課餘時間都不放過。

「撞」上貴人運　創業母錢存一桶金

　　一邊打工一邊寬裕生活的經濟壓力，Ben 在研究所更嘗試人生第一次微型創業。緣分的牽起，緣起於一場「冒失」。

　　當時 Ben 與朋友一夥人去夜店喝酒，沒想到幾分醉意，意外撞上 Ben 的創業貴人。道歉過程，對方隨口一問你們讀哪間學校？念什麼科系？正所謂「不撞不相識」，原來對方在做二手筆電的轉賣，從日本平行輸入，在台灣重新烤漆、重整零組件，再把二手筆電、文書機拿到網路上賣。

　　十多年前，台灣沒有這些 3C 品牌的總代理，剛好日本有貨源，Ben 和朋友緊抓機會，開始了他的「廢鐵」小生意。透過 YAHOO 拍賣販售，賺取差價，慢慢存了一筆小錢，成為他日後投資創業的本金。

　　完成學業當兵前，Ben 與當時的女朋友林婉菁（Monica，現任老婆）一起商談，不如拿一筆小錢嘗試投資看看。Ben 尋找機會市場，Monica 做市場分析，兩人看上手搖飲料店加盟，沒想到生意大好，一家店月營收達 40、50 萬，投資成本一下子就回收。

好奇網購狂熱，一顆爆米花挖商機

　　退伍後，Ben 不急著創業，或是更精確的說，他還沒找到心目中最想做的項目。既然受了 6 年電腦與通訊工程教育，心想：「一邊當工程師，然後還有其他投資的收入，多好！」也許小時候，看到父親手上的快錢來來去去，對他而言，存錢買房才是生命依歸。

　　如願的進入科技業，每天在緊湊的研發部門，不斷鑽研，如何讓手機變得更輕薄、功能更強大。儘管年薪百萬，但他心中隱約覺得，好像有更趣味的事可以做，加上科技業不景氣，正值金融海嘯，突然沖垮許多人的新貴夢。創業基因不斷在 Ben 身體裡突變，有一天，身邊同事瘋狂團購買零嘴，他那打破砂鍋問到底的因子更加不安分，「看

到同層樓的工程師，這邊買那邊買，每天都在買，隔沒 2、3 天就有人在問要不要團購？我就想，到底有什麼厲害的，我就去 Google 了一下……」

沒錯，創業的因子，Ben 最早的起心動念，只是好奇。一顆顆爆米花，竟成為團購熱潮的主角？以前不是看電影，加個幾十塊搭配的零嘴，現在竟然能一桶又一桶賣？當時他還沒想過，一顆吃嘴饞的零食，能創造億元商機。他跟著同事一起團購，一邊吃一邊想，跟電影院賣得差不多啊！頂多撒了更多調味粉。「我當時只覺得團購的爆米花，可以更好吃吧！」

研發魂上身，把研究晶片的心力和精神，拿來研究爆米花。在網路搜尋百款玉米粒品種，甚至看 YouTube 影片親自實驗看看。但自家廚房沒有足夠設備讓他「爆」，他花 2 萬元買了瓦斯爐跟玉米，每到假日就帶著 Monica 去朋友出借的工寮大玩創意。光是加熱爐子，就花了三、四個月研究，更與鍋爐師父研究，改了 5 組才定型。

別的情侶，周末是去踏青看電影，他們這一對夠怪，竟然可以窩在老工廠一整天，比較 20 多種爆裂玉米品種，什麼蘑菇形、蝴蝶形，他們都試過、吃過。甚至蹲在瓦斯爐台旁，一人加熱、一人計算時間，看爐心的加溫速度，會在哪一瞬間，玉米炸出的花樣最美。高溫實驗房，耗一整個下午，室內溫度可以上看攝氏 40 度，沒有決心，還真的耐不住這高溫悶熱的環境。

這對 20 來歲小情侶，耐性夠磨、反覆測試，驗證上百種原料與溫度的搭配組合。他們耗費整整一季時間，研發出第一批 6 種口味，腳踏實地的從做中學，才終於找到心中，能爆出最好最美，如「星球」般圓潤的爆米花。

工寮的實驗愈做愈有心得，有模有樣的成品，似乎還真的有幾分賣相。這對情侶，原本只是抱著玩玩看的心態，突然要一起創業、一起辭掉高薪工作，沒有一點膽量，還真的不敢踏出那一步。Ben 回憶八年多前的景象，笑說：「某種程度上，她剛開始應該是覺得陪你玩一下的感覺，那時候我覺得她是被我硬拉來的……」

Monica 的擔心並無沒有道理，當時光租 80 坪廠房、買新設備、買玉米、醬料，成本就燒掉 150 萬元，將近二分之一的本金。300 萬創業母錢，靠小情侶的存款，加上各種拜託跟長輩募集而來，創業初期每天看現金來、現金去，每一筆資金卡死死，萬一生意不好，隨時都要喊倒。於是，2010 年，29 歲的 Ben 決定，要玩就要全力衝，毅然而然離開科技園區，搖身一變成了「爆米花研發長」，與 Monica 創立星球工坊，展開這段征服 14 國的零嘴旅程。

空中飛人險過勞

星球工坊成立之初，總共 4 個人。人手不夠，也沒網路銷售經驗，所以事業一開始他們選擇企業團購，去科學園區、企業福委發試吃包。但發現這樣擴展速度太慢，於是決定主動出擊，投入實體店，並選擇進駐台灣具知名度的百貨零售，據點最多曾高達 15 個。

西門町的店面觀光客多，尤其是香港客為當時主力，大家來試吃後，驚覺口感超對味，慢慢有觀光客詢問：「你們能夠用訂的嗎？」、「你幫我送香港可以嗎？」

原本是一個月一兩張單，進步到一個禮拜一兩張，後來變成每天一兩張、每天很多張訂單。累積一個月，光香港的外銷營業額，可以衝上 150 萬新台幣。

「我就在想，我們是不是有機會做海外？」當時直覺，哪裡有訂單，就去攻占，剛好 Ben 的姑丈在香港的外商銀行工作，長期看國際金融市場情勢。「他告訴我香港不要碰！『你團隊的能力跟規模，現在去香港你會死，風險太高。』他說，『你應該走東南亞，如果可以的話，在東南亞先練練兵，看看視野，然後再回來香港……』。」

理工科背景的 Ben，哪懂得如何評估全球熱錢怎麼走，更不用說外銷、蓋廠找代理，還好他姑丈的一席話點醒他，他首站去馬來西亞蹲點，做市場考察。但他的市場評估，並沒有請專業市調團隊協助，

非常土法煉鋼，他一個人跑當地的星巴克、麥當勞，了解物價跟消費水平；接著去主要大城的百貨，觀察當地人口的零食提袋率，與當地人不停聊天。

沒想到這招還真有效，2011 年，星球工坊在馬國吉隆坡雙威金字塔廣場，開出海外第一家直營店。爾後依序到新加坡、印尼插旗，累積至今，可以在 14 個國家看到「Magi Planet」身影，是外銷最多國家的台灣新創零食品牌。Ben 把台灣經驗橫向複製到國外，所有找市場拓點、談經銷代理、監督工廠，全部他一個人扛。但再強健的超人，也有病倒的一天，他不只病垮，甚至嚴重到與死神擦身而過。

「當時最忙，一兩個禮拜可以飛三、四個不同國家，馬來西亞、新加坡、印尼、汶萊、印度、澳洲、香港、澳門、中國，全部集中在一起。那時候每天都在天空飛，回家常常洗個澡，換個衣物，幾乎行李箱沒有打開過就馬上要出門，有一次從新加坡回來，就開始發燒了……」

起初，Ben 白天開個會，常常就覺得異常的疲倦，累到中午就需回家小睡片刻。接著不斷低溫燒，38.5 度浮動，去小診所看病開退燒藥，吃了一輪沒效，查不出病因。大醫院一看他病歷，要他趕緊去感染科檢查，做了詳細的血液檢查，「我當時心裡想，靠！該不會人生到盡頭了吧！」

儀器精密檢測後才終於找出病因，一種巨大細胞病毒，不斷攻擊 Ben 的肝臟。正常人的肝指數 GOT、GPT 數值，大約 40 上下，那時他的數字卻是破 1,000，全身免疫系統幾乎被破壞殆盡。「醫生跟我說，只要一點任何小感冒可能就走了。」但病毒感染沒有特效藥，醫院只能開護肝藥，最快痊癒的捷徑就是休息，重建免疫系統功能。

大病痊癒的 Ben 深悟生命的重要，因禍得福，一場大病養成他運動習慣。一般人運動可能只求健康，但他「研究狂」天性，竟同樣展現在運動上。跟創業老闆組成慢跑團，起初想說報個台北馬拉松21K，沒想到跑著跑著，竟對馬拉松開始上癮。連枕邊人 Monica 也附和，「他有很大特質是做什麼事都很專注，他只要想做好一件事，

就會分析到很誇張程度。下班回家以為他好認真，還在忙公事，一看才知道，都是跑步的數據。他連跑馬拉松這件事，都可以做成分析報表⋯⋯」

「我覺得每天要有歸零 Reset 時間。我想要跑馬拉松，就會有一天找一小時或半小時，快樂去鑽研一些文章。研究看人家怎麼跑、數據配速、有哪些網站心得分享，真的去跑跑看，去驗證它、把它實現，看著我的成績一直往前進，有這樣結果我就很開心，就覺得比較踏實。」

Ben 一邊自豪自己跑馬拉松瘦了六、七公斤；一邊又像個小孩，訴苦上回跑「渣打馬拉松」，賽前整夜被女兒踢到沒睡好，跑到 16K 腳沒力，加上尿急排了 5 分鐘隊而落後，「我那次跑跟台北馬一樣速度，我很生氣，所以我決定在國道馬再拚回來！」他一邊細數報名 2018 年的國道馬、PUMA 螢光路跑、鐵道接力賽及澳洲黃金海岸馬拉松。

Chapter 2

企業實戰：瀕臨倒閉懸崖才回頭學習

「我如果跟你講我們公司沒有倒，這是運氣好，你會不會打我？我覺得成功是天時、地利、人和，在那個時機點做爆米花，真的像起風了，誰站在那個點上誰都會飛。我相信那時候爆米花，隨便做就算去夜市擺攤，我們都會賺到錢。但這個可以賺多久？我還真不曉得……」

Ben 認為星球工坊當年卡到一個好的時機點，跟著市場風口才有機會騰飛。那只是天時的幫助，事實上，星球先後經歷兩次挫敗，如果一稍微不站穩，可能自此一蹶不振。雖然一開始 Ben 花了很多時間研發，砸下大錢蓋廠房，但在市場策略，他其實很多時刻的抉擇都是瞎子摸象。

看別家人的爆米花，有的進駐電影院、有的在夜市賣，於是他心想：「我不要做低價，要做有質感的，我要在百貨公司裡面賣！」看準百貨商場還沒其他爆米花品牌進駐，第一家店選在信義誠品，他直觀認為，百貨高質感，定價能跟品牌拉抬、毛利會比較好。的確，那時門市生意，一個月營收上看 40 萬元。

誰知道，漂亮業績背後，馬上就遇到第一個危機。

成在站對風口，敗在不懂財務經營

百貨的貨款交易靠票期，Ben 第一次才知道什麼叫做「票期」。原本以為百貨公司幫忙收錢，心想這樣很好、很安全啊，後來才驚覺，票期短則一個月，長則 60 天，手上現金流卻只夠維持 10 天運轉。錢

卡在通路手上，眼看創業本金快燒完，Ben 意識這樣不行，有危機了。

他只好硬著頭皮，去跟親友股東談，希望再增資。股東群問：「還缺多少？」

「其實那時候我沒有概念，我大約喊個數字，他們就相信我了。因為這一次增資，才安然度過危機。」

經過第一次失利，Ben 心想：「天啊，自己怎麼連資金缺多少、財務結構控管，完全不會算！」這時他才第一次意識到，創業只知道做商品還不夠，因為一直往前衝，不代表就能賺到錢。

痛定思痛，Ben 開始 K 財務理論。一位爸爸朋友看他整日無頭蒼蠅，問他：「財務報表你懂多少？」Ben 羞赧回答：「程度可說是零基礎，我要重 K 會計這門學問嗎？」但創業哪有時間等他花兩三年慢慢學，這位長輩用一份 Excel 表格，把會計概念一一拆解，教 Ben 如何推算成本、看財務報表。

Ben 坦誠說：「創業前三年，以前都講得好聽，是在『讓利』。但講難聽點，其實我對商業模式、財務成本、談判技巧這些完全是不懂……」

好不容易搞懂財務跨過資金門檻，接著又因誤判局勢，第二回差點賠掉公司。

某一年美國中西部天災多，供應商建議先預購玉米，避免之後量產減少、成本價大漲。也就是所謂的期貨交易「一手交錢，未來交貨」。Ben 評估，一個貨櫃的玉米量可以用 2 個月，先多買 4 個貨櫃。沒想到這筆貨，先付完款後的三個月，期貨出乎意料竟開始跌價加上剛好遇到「Magi Planet 星球工坊爆米花」包裝改版，一包玉米用量更少，原本玉米預估用量超過 8 個月，現在卻演變拿現金換庫存，400 萬資金卡死商品期貨。原本 Ben 天真以為，成本可省下 10 ～ 20%，沒想到反多花一筆錢，還卡住資金，被迫跟銀行融資，連銀行利率高低也不懂比價，差點為了利息付不出來，陷入資金危機，公司營運風雨飄搖。

回顧走過幾波風雨，一路陪伴在旁的 Monica，彷彿終於把多年的

祕密吐露出來。她說：「創業初期我自己很多次想出走，我跟他說：『如果星球做不起來我就撤了。』我實在不太喜歡男女朋友一起共事⋯⋯」的確，最剛開始，兩人自覺都是工作狂，應該很符合創業人特質，加上二十幾歲還年輕，可以衝，沒有結婚生小孩太多家庭負累。但沒想到真的把頭洗下去，才驚覺挑戰比想像還要難。

創業初期沒訂單，看著工廠員工，整天無聊到只能打掃、保養機台「裝忙」。Monica 自剖：「我是容易煩惱的人，當時壓力很大，我比較悲觀，他偏樂觀，他就說再衝就好，我說再衝還是要付員工錢啊⋯⋯」他個性敢衝、她力求保守；他做事評估看全局、她急著要看到結果，天秤兩端的性格，放在一起創業，一定吵。

不過隨著時間的洗練，兩人變得相知相惜，被問及如果今天是創業最後一天，Ben 話鋒一轉肉麻兮兮望著老婆說：「沒關係，公司沒了，你還有我！」Monica 感性回應：「我很謝謝他陪我經歷了這一段創業的過程，我覺得我們沒有後悔做這個品牌，我們未來還可以創造其他新的機會。」

動嘴會議「吵」新滋味，百種口味征服千萬張嘴

要他們跟對方說一句創業最後一天的話，當然只是假設，「Magi Planet 星球工坊爆米花」不僅穩定成長，甚至持續壯大，繼續餵養全球數十億張嘴。既然是吃食生意，最重要的就是做出好吃的爆米花，在消費者的「心占率」版圖一步一步擴大。經過品牌系統的共識討論，目前「Magi Planet 星球工坊爆米花」三項品牌核心，討論出來的共識，分別是：美味、創新、分享。

也就是「美味」作為企業品牌的重要一角，要持續研發夠好吃、夠在地、夠特殊的風味及口感。

Ben 這幾年累積一套觀察心法，他說，在跟消費者初期溝通過程，也許不會賣到市占率第一名，但某些口味，在那個市場一定不會死，

消費者願意買單原因為何？

「我認為食品是記憶的連結，小時候的味道反而印象最深。主流口味進到消費者腦海裡，當他買這個口味時候，他心裡會有預期的味道。」

每到新的市場，星球快速熟悉當地主流口味，就是到便利超商、大賣場，觀察架上其他零嘴最普遍的風味。以台灣為例，大家對焦糖、起司、海苔、香辣的味道，已經有預先記憶中的味道，只要不做出悖離市面味道太遠的產品，通常不太會馬上陣亡。這類就屬長賣型的記憶點商品。所以每次在研發新商品之前，他們一定要在當地市場做 2～3 次考察，蒐羅老牌零食口味、目前熱門商品做完整市調，再靠台灣研發團隊負責調製配方。

但除了這類細水長流的主流口味，美味創新更是「Magi Planet 星球工坊爆米花」的另一核心價值。

創業不到 6 個月，Ben 為了在口感力求突破，砸錢建立自己品牌的調味實驗室，短短幾年，他們在全球推出上百種創新品項，而且味道夠道地。攤開他們的菜單，除了基本盤，每個地區還有限定發售的產品，例如馬來西亞椰漿吐司、新加坡叻沙、韓國泡菜、日本抹茶、法國洋蔥湯、中國四川麻辣等等，累積約有四十多種各國在地化的創新口味。

「Magi Planet 星球工坊爆米花」之所以能不斷有新的靈感出來，也跟內部的「動嘴會議」有關，每一周固定從提案、開發、測試到上市，年復一年。動嘴會議上，業務蒐羅海內外各國市面具潛力的爆紅零嘴，或是大家在日常生活，吃到某些獨特口味，認為可以套用到爆米花上的。

會議上，大家一邊吃餅乾零嘴，一邊天馬行空，創意想法靠「吵」的方式，拋出來給研發單位，不斷去嘗試、創新。每當研發一種新滋味，成員就是第一批盲測的試吃者，提供各種嚴格意見再改良、修正，持續優化到可以推向市面的水準。

然而，除了風味，在口感上，除了玉米要挑得好、火候要爆得巧，

另一個最重要的配角：調味粉的點綴，更是功不可沒。「Magi Planet星球工坊爆米花」發展至今，光是調味粉的版本，就進化到第四版，根本把調味料當成 3C 產品在研究，每一代優化其製程、降低不良率，讓每顆爆米花都經過標準而由嚴密的製程監控，爆出一顆顆規模一致且均勻受粉的「指尖上的珍珠」。

Ben 說，第一代的產品，就是找市面主流的口味，調味粉的原料、沾粉的方式都是陽春款。到了第二代，就開始思考，除了粉末，還有沒有更高級的樣貌，於是他開始嘗試抹上糖漿，做出更精緻又閃閃發亮的焦糖、太妃糖口味。

但這樣他還不滿足，抹漿的工夫他要再優化，從 Single Coating 進化到 Double Coating，也就是所謂的雙層糖漿，除了第一層糖漿，再撒上獨家研發調味粉，兩種元素要達到「水乳交融」狀態，更是困難。兩種調味的比例拿捏，還要每一顆爆米花的口感都一樣，就看品牌的工夫了。

Ben 動用整個研發團隊，沒日沒夜挑戰這項不可能的任務，前前後後，耗掉 400 多公斤的玉米，更不用說從概念到成品，他們卯足勁花了 7 個多月，反覆測試、試吃、測試再試吃，過程不知達到幾萬次。

過程辛苦但成果美麗，讓其他異業品牌也「聞香」前來洽談合作「聯名」。而在去年，Ben 仍不滿足，持續深耕研發力，推出第四代調味製法，融入糖漿、粉末還要再杏仁片、榛果新食材，不斷去挑戰消費者的味蕾。

儘管是零嘴，他高規格對待，彷彿在研發電子產品，在一線百貨櫃位，仍維持一個半月推出 1 款新口味的速度，搶攻嘗鮮族。

在 Ben 身上，看到他對「唯有創新，才能占心」的堅持，做到口味、甚至口感的差異化，讓原本看似平凡無奇的零嘴，重新創造新需求。走精緻化的高價值，從包裝、設計、口感、風味再到品牌，環環相扣，在消費者腦海中，讓爆米花的價值曲線，重新往上調整，從零嘴躍升到高端禮品等級。

Ben 用工程思維，不斷嘗試跨越產品邊界，在原本看似紅海的零

食市場，挖掘商品更深層的價值，創造自己的藍海。就如在品牌系統架構底下，每個品牌都在思考，如何找到自身的 3 個品牌核心能力，且這幾項核心能力，是競爭對手不容易去複製、搶奪的。也就是核心元素累積成品牌的價值鏈，Ben 不斷透過美味與創新，讓其他競品無法輕易複製、複製整條價值鏈。他跨出過去爆米花的舒適圈，在現有產業標準項目之外，持續挑戰跳出產品本身的邏輯框架，嘗試創新找到星球的獨特爆米花吃法。

異業品牌敲合作：進軍新通路，引誘愛嘗鮮的客層

事實上，Magi Planet 發跡的起步，實體通路出發走陸軍戰，一對一面對消費者。當品牌經營到一定高度後，才走空軍，透過電子商務打通店面無法觸及的客群。目前旗下市場通路，可區分成四大塊：實體門市、B2B 客戶、電子商務、海外通路。「做實體，比較能夠打品牌的一步，我們東西的魅力是讓客人吃到，他覺得好吃他才會有印象」。透過大方的試吃、各種口味的感受，體驗，成為 Magi Planet 與消費者第一線接觸最好的方式。

除了試吃，消費者對品牌的感受，還有所謂品牌系統的五感六意，從眼耳鼻舌身，再到心裡的「意」感受，Magi Planet 擬定的「意」便是一種「樂於想分享」的品牌態度。從門市，看到朋友一起買、一起試吃的形象，再到各種口味的試聞、爆米花彼此摩擦的聲音，再加上看到各種食材口味的陳列及國際 SGS 認證。無形中就在強化信任的體驗，當一個新客，可以拿到、聞到又吃到，對商品的信任度，Ben 說可以提升 8 成信心度。

另一影響品牌高度的因素，更在於店址的位置考究——「東西賣出去的地點，大概決定這個商品是什麼等級。」因此，當時 Ben 為何從百貨著手而非夜市起家，就是這個原因。消費者會有個印象，這個商品販售地點的區域特質，無形中也在為品牌劃分等級。

至於 B2B 客戶通路，「Magi Planet 星球工坊爆米花」近幾年先後跟 agnès b.、W Hotel、長榮航空、台灣高鐵等異業合作。當時，研發出一顆顆又美又圓的爆米花，讓香港 agnès b. 主動上門，聯名合作推出法式洋蔥湯口味。更不用說，先後讓國際級旅館、交通產業高端品牌，先後叩門洽談，「Magi Planet 星球工坊爆米花」的研發能力讓他們得以依據對方需求，客製化口味與包裝設計，在 B2B2C 模式下，拓展出更多新的高端客群。

除了客群之外，對於品牌帶給消費者的印象，更會在品牌認知的感性利益環節，無形中凸顯自身的品牌高度，是不同於其他的競品。這也是當媒體報導後，跟風流行的人潮逐漸趨於冷靜，但如何讓名氣持續維持的重點。

透過異業的通路合作，持續為品牌存摺打下基礎，平常一點一滴儲存品牌名氣、口味多元、用料安全的印象，當品牌公關遇到危機事件，品牌存摺就有足夠的本錢被提領。

2017 年底，「Magi Planet 星球工坊爆米花」另一個 B2B2C 模式的成功案例，則是與台灣便利超商 7-11 合作，一時間馬上鋪貨到全台四千家門市，銷售紀錄最高一周賣四萬包，一個月賣超過十萬多份。這波與 7-11 合作獨賣的策略，又不同於先前提到的異業合作。

Ben 觀察到，「在 7-11 通路，我想法認為它多是方便、新奇的東西進去，一般人概念覺得方便，要買品質不差好東西，就到 7-11。」當 7-11 採購找供應商上門來找 Ben 的時候，透過這個經驗，Ben 也在做中學，從中拆解中間各種成本、消費模式、季節包裝如何更吸引人？一個貨架哪個位置吸引人？賣多少價格最有驅動力等等元素。

「中間的學問就是跟供應商觀察，問很多細節，包含陳列方式、他們如何讓各店幫忙做海報？哪些點的陳列賣比較好？能不能透過採購去統一布達？透過供應商跟他們討論，我們還有去參加全國店長會議，去宣傳推薦我們商品，瞬間讓全台所有店長知道我們商品，知道怎麼去幫我們推銷，幫我們做海報文案。」

這次經驗等於是全新的通路拓展，跳脫傳統百貨單點，而是透過

大型通路的經驗，「Magi Planet 星球工坊爆米花」發現，要跟這樣通路短期合作有幾個要注意的特點：

首先，超商通路會看上的產品，一定要有差異化，也就是跟過去市面上商品有所不同。所以「Magi Planet 星球工坊爆米花」稍微改變口味，以及新的樣式包裝，圓形桶裝取代原本的袋裝，來測試消費者反應，結果是效果不錯。所以當產品力夠差異化，才不會遇到其他競品推出一樣口味、價格一樣，當對方一做活動打折，就很容易玩價格戰，打壞原本建立的品牌印象。如果長期玩折扣，最終一定是耗損品牌存摺。因此行銷邏輯走滿贈手法，透過贈品強化消費感性價值。

其次，善用通路資源，透過他們優勢觸及過去沒有遇到的客源。在 7-11 的消費族群，Ben 觀察到，有一群全新的 TA（Target Audience 目標客群）是因為「好奇」而買，於是他開始分析，好奇背後更深層的驅動力是什麼？

如果從消費者購買決策過程模型來看，一個新客會購買商品，會經歷「問題認知、搜尋資訊、評價備選方案、購買決策、購後評價」5 個階段。他發現，這群熱愛嘗鮮的消費者，願意付出較高成本，相較於習慣性購買行為，他們更屬於尋求多樣化的購買行為。購買當下後，其消費歷程還沒結束，背後消費動機其實更隱藏「一種炫耀或分享的滿足感」，好奇不是他花錢的原因，而是可以炫耀分享，他願意花比較高的價格，快速拿到這個商品。超額獲得的心態，渴望 Po 文在自己的社群媒體，賺取的是一種炫耀性消費，成為同儕之間的意見領導者。

最後，與 7-11 的異業合作過程中，學習拆解各種費用的成本概念，更清楚認知該怎麼布局，勝算比較高，包含出貨成本、行銷成本，未來有好主題及曝光位置才會參加。這種合作最長就維持一季，如果一直玩變成常駐品，反而失去吸引力，彈性疲乏後就會弱化品牌價值。

跟大型通路合作最大效益在於，透過通路的重要檔期，創造話題，銷售的量就會順著風起飛。過去「Magi Planet 星球工坊爆米花」的品牌高度已建立，而這次合作是建立市占的廣度，創造更廣泛的知名度，獲得市場的話語權。

Chapter 3

品牌再深化：品牌換皮也要長骨，兩波品牌重整轉大人

　　2016 年之前，與消費者溝通多用「星球工坊」，後來保留星球意象，將品牌名稱調整為「Magi Plant」，品牌口號：美味，從不設限！在變身之前，星球工坊員工說，以前還沒變身成 Magi Plant 之前，當時品牌是訴求歡樂氛圍——「分享爆米花給你吃，就是在分享歡樂。」

　　當時品牌推出「星球寶寶」公仔，因為他吃一口爆米花感覺到非常驚豔，眼睛變成星星狀。所以在外包裝都有一個笑臉，甚至強調星球寶寶公仔樂於跟消費者互動的歡樂。每個星球寶寶，都是在 200 ～ 300℃的高溫及高壓下成為爆米花，所以品牌訴求星球工坊用品質很好的玉米，每個人期望自己就像是有內涵的玉米，經過高壓高溫的壓力狀態下，經過有一天就會成為漂亮的圓形爆米花。這是星球原本塑造的故事—— EVERYTHING IS POPSSIBLE（萬事皆可能）。

　　但是，品牌必須有故事、必須有個性才能跟消費者溝通。單靠一個星球寶寶，久了之後連內部員工都隱約感覺到，「歡樂感覺很平價，沒有差異化，所以才慢慢走向有質感的方向。」正好當年 2016 年他們得到台北市政府的品牌補助案，於是星球工坊，從包裝、Logo 到品牌名，進行「Rebranding（品牌重塑）」的自我進化，「Magi Planet」慢慢取代原有的「星球工坊」。

　　「我希望我們可以成為零食界的微熱山丘。它很單純，它就賣一個鳳梨酥而已。但他們的裝修、包裝還有整體形象，我覺得都是我想要追求的，簡單中，又帶有一些質感。」正因為 Ben 不喜歡太複雜，正巧遇到幫微熱山丘企畫的顧問團隊，聊著聊著搭上了線，經歷幾番提案，於是開始正式展開星球工坊的第一波品牌重塑。這一回的品牌重塑，最大的改變，就是由內到外的品牌 Image（形象）全部換新，

網站、包裝、禮盒，凡是消費者可以看到的 CI（企業形象 Corporate Image），全部翻修一遍。

但品牌僅僅只是形象、包裝上，這麼簡單的改造嗎？

要重塑品牌，必須考量在品牌架構下，重新思考品牌願景、商業模式（又可分商業及經營管理模式）、品牌策略（品牌個性理念、年度行銷策略、市場溝通策略、消費與使用體驗）、品牌分析（市場趨勢規模分析、競爭品牌分析），這些項目正巧與商品、生產、通路、行銷、人員事業管理息息相關。

「老實講，那次的品牌重塑，就像你穿了一件很帥氣的西裝，但是你還只是小學畢業，小孩穿很好看的衣服，但他還沒走過青春期沒有長高長壯。也就是說，我們以前很注重商品，即使換了一個很漂亮的外皮，在跟消費者溝通的過程，我們那時候還是用商品來溝通。」Ben 說。

真正的品牌改造，應該問自己，什麼是可以一句話向消費者表達品牌最重要關鍵要素的「品牌承諾」？哪些可以將品牌 CI、門市 VI（視覺識別 Visual Identity) 共同灌注到五感、六意氛圍的「品牌象徵」？有哪些口碑、藝人、達人、媒體、第三方機構證明品牌核心三寶的「權威基礎」？哪些是透過組織內部一起達到共識的「消費者利益理性及感性面」？帶給消費者呈現哪一種形象、樣貌、風格的「品牌個性」？你希望為 TA（目標客群 Target Audience）留下哪些關鍵意象，在消費者腦袋中，當他一想到某樣商品，腦袋馬上會跑出的品牌（例如一想到可樂，你會想到？）要達成意象烙印，品牌要做哪些功課的「消費者印象」。

「那陣子做了品牌重塑，拿到了補助案，也剛好商周報導出來，一氣呵成，大家看到的是——哇，好有質感的品牌。但是，對消費者來講，我覺得沒有一個很好的說服力、心占率。消費者的認知還是你們家是多口味的爆米花。我們無法把自己品牌 Upgrade（提升）上去，如果時間可以重來，那我寧願讓大家倒過來把內部的骨頭跟肌肉長好，再去換皮。」

品牌生命再升級：第二波品牌系統重塑

當 Magi Planet 先換了皮，但本質上，卻沒有重新讓品牌長骨，所以 Magi Planet 才會再經歷第二次的品牌重塑。Ben 不諱言，如何經營品牌，他是一路跌跌撞撞走過來的。最一開始只是覺得：「我們家東西很好吃，口味比別人厲害，為什麼我們會賣得比別人差？沒道理啊！」後來才開始觀察其他人，有時心裡想：「靠！這個爆米花這麼難吃，竟然可以賣這麼好。我們還賣輸別人，真的可以去自殺了……」

老闆覺得又不是特好吃卻賣得這麼好，沒道理，仔細觀察市場發現，有時正是品牌發酵的推力，消費者不單單在意好吃與否，更重要的是，品牌為消費者創造了哪些無形的價值。這時 Ben 才意識到：「一定有什麼東西是我沒做好！」

這猶如當頭棒喝，讓 Ben 下次決心執行第二波品牌系統重塑。

這時的他，意識到除了產品之外，還有消費者觀點、感性衝動購物，還有更多講不出為什麼，但他就是要買的理由。於是，組織的部門重組，是下一波事業體的規畫，讓業務跟行銷分流，讓製造跟品牌思維區分，業務是數據導向馬上看到成效，行銷是細水長流，更多是感性。

「我就覺得我們一定要塑造這樣的氛圍……希望不要一直賣商品，而是賣品牌。我一直想要做之前沒有做的，以前求大家要先溫飽，為了生存必須先賺業績。但這很可怕的後果，就是一直在追營業額，當追到某個程度上不去的時候，就會開始走不在計畫內的偏路……」

所謂的偏路，Ben 解釋：「之前一直追營業額，從這一兩年開始看品牌定位，有時銷售高峰只是錯覺，只維持在賣貨、靠打折扣而帶來業績，但品牌定位本身卻是錯誤的。」早期團購正紅，Magi Planet 曾為了追逐業績，推出一組 5 包組合，的確大賣一萬兩千組，賺了一兩百萬。但電商平台要求折扣才有版面曝光的遊戲規則，這才讓他們懸崖勒馬，意識到玩折扣戰對品牌的發展並沒有太多幫助。

從追逐業績到有品牌意識，從第一波品牌重塑到品牌系統二度深化，Magi Planet 與其他品牌相比，Ben 更有覺醒的意識到，品牌的共識重塑是需要全面性的。

他表示過去只先改了包裝、改了門市形象，這就像家裡油漆只擦了一半，但另一半還是舊的，下一步就需要把另一部分補滿，讓品牌系統重新定義。他想了想，「如果核心精神沒抓到，再多變型只是假的，變成穿上去的衣服不合身，很快就要脫掉了。」

燒腦找尋品牌三寶，堆疊品牌附加價值

「過去全公司上下，都知道我們在賣商品。現在大張旗鼓說我們要做品牌，大家會覺得意義很薄弱，可能覺得只是可以把價格賣高，就叫做品牌。但中間的附加價值（Value-Added）的堆疊過程若沒交代清楚，也沒意義，所以要先凝聚大家共識，讓各部門主管都來參與品牌系統的重塑。」

品牌系統第一次討論，先自問：「當大家對爆米花的需求出現時，如何先想到 Magi Planet，而非其他？」這個問題彷彿震撼彈，從 Ben、Monica 擴散到其他各部門主管，大家對品牌的核心獨特性、TA（目標客群）出沒的場所、形塑品牌最困難的事，甚至到三大品牌核心元素有哪些，彼此的歧異觀點，就呈現出即使大家在同一家企業，但對自己品牌核心價值認知，確有落差。

從一開始的討論，光是討論品牌核心元素，就有：風味獨特、手工翻炒、最多口味、ISO 食安、口感研發、挑戰創意、品質穩定、包裝質感、製造能力、口味在地連結⋯⋯經歷多次的討論與聚焦，終於討論出 Magi Planet 的三大品牌核心為：美味、創新、分享。

三大核心之一：美味

所謂美味除了好吃，更重要的還有口味、品質、省力的元素做支

撐。口味上，不斷推出獨特口味，做出客製化口味以及百吃不厭的口味。有很多口味不斷推陳出新，但在好吃的準則背後，真正要帶出的卻是味覺與記憶的連結。哪些是記憶中的味道？會懷念的味道？而這些味道能喚起消費者的感性利益，例如：在別的地方買不到玉米濃湯口味、創造共鳴想起小時候玉米棒……；傳統口味的復刻價值，而不單單只是在好吃的本質。

　　品質方面，從原料選用，如果同業選用人工香料，Magi Planet 堅持用天然香料，玉米採用非基改且品質較好品種，調味粉不含味精、不加防腐劑、不含人工奶油，各種環節的講究來支撐美味。至於便利，則是因為口味眾多，消費者在這裡可以買到各種口味，不用怕找不到適合自己的，背後的購買動機是代表省力，因為各種口味不斷推陳出新，所以能省力不用再找其他牌子才有的口味，而是在 Magi Planet，一定能挑中自己的心頭好。

三大核心之一：創新

　　創新的不單單只講究產品面的口味創新，而是事業體方方面面的各種創新。包含產品創新（新品項可能不只局限在爆米花）；通路創新（跟大型通路、旅館、高鐵是第一個爆米花品牌做異業合作，並合乎對方需求做到包裝及口味的客製化）；市場教育創新（在東南亞國家讓爆米花，過去在戲院出現的角色，跳脫出成為日常生活中會吃到、百貨公司通路可買到的創新）；服務創新（跟消費者介紹食材風味、販售互動體驗過程，包含 VIP 生日驚喜提供客製化口味、體驗爆米花製作等）。

　　而在行銷創新（從包裝、文案到行銷活動與品牌連結度更創新，例如推出新口味讓消費者猜、一日店長行銷體驗、最幸福的零食工廠工作、萬聖節敲門送爆米花給對方等）。也就是在創新概念下，Magi Planet 不斷突破過去做過的項目，不再局限於口味，而是在製程、口味、行銷、通路、服務、消費者認證各環節都是做自我創新的挑戰。

✎ 三大核心之一：分享

　　不僅是 Magi Planet 的品牌核心之一，同時也是品牌象徵中希望達成的意境。他們想創造的品牌畫面，可能是在門市，看到的是一群朋友一起試吃一起買，試吃到好吃的口味，迫不及待買回去分享給家人朋友。因此後續創造的意境，會是在客廳裡有家人、朋友一起相聚的情境，有人坐在沙發、有人拿絨布抱枕，有大家一起說笑的聲音，一起吃爆米花的聲音。

　　互動與體驗當下，都是在創造歡樂、享受、陪伴、記憶、驚喜的記憶，進而達到品牌與消費者之間的情感連結。而另一種分享，則是發生在贈送的情境，送禮跟收禮之間有一條價值鏈串聯，送禮會以人際交情作為衡量，Magi Planet 的禮盒，象徵在朋友心中是有分量、有面子。品牌價值創造「送禮有裡子；收禮有面子」，所以禮盒可以做到方便客製化、配好口味、禮盒定點配送，省錢省力的貼心服務，為消費者創造附加利益，且這個利益是超過商品價格，最終達到彼此分享的意圖。

　　在形成品牌核心的共識之後，Magi Planet 品牌最大優勢在過去的媒體報導案例，全是媒體主動上門做客觀的介紹，也就是在品牌權威基礎的建立上，他們獲得媒體雜誌評選的加持，來強化美味、創新、分享的證明。而在商品生產方面，Magi Planet 先後也持續在美國非基改玉米製造檢驗報告、食材進口原產地證明、工廠 ISO 認證、Halal 認證、異業品牌指定合作客製化口味等方面，作為專家權威證明及使用者心得的佐證。

　　當然下一步要努力的方向就是往國際邁進，2018 年他們得到 iTQi 玉米濃湯 2 星、松露巧克力太妃 1 星獎項，也被 A.A. 無添加協會評核 3 星認證，是亞太區目前唯一獲得 A.A. 無添加三星認證的爆米花品牌。

　　Monica 分享，今年在擬訂年度行銷計畫過程，有品牌核心的共識在討論上就獲得很大幫助。「業務過往觀念就是把商品賣出去就好，不會去想其他事情，但在討論年度計畫時，大家就會要求彼此，要記得從品牌核心概念去想。有人丟出 idea，就有人回說你這個沒有美味、

創新的元素。我們知道方向不能只賣商品而是經營品牌，而且是大家親自參與討論自己創造出來的共識，不是老闆說了算，這樣大家對品牌的討論就更聚焦。」

Chapter 4
「Magi Planet」凱爺品牌顧問輔導室

　　我認識 Ben 的時候是在一個課程，那時第一次見到他，記得他帶了一堆酒跟爆米花。我對他的印象是他很年輕，很靦腆像個大男生，他應該是我現在碰過這麼多客戶裡，唯一上過商周封面的品牌。我對他一開始期待非常高，覺得：「哇，你是一個這麼厲害的商周封面，外銷這麼多國家，肯定很厲害。」

　　我看這家企業，從打開一本商周封面到真正走進去他們公司，其實是很好玩的過程而且充滿期待，會發現什麼？我去 Ben 公司，發現另外一種商周封面故事背後的樸實。我認為 Magi Planet 有個有趣的個性，它其實是樸實的，不論是這個品牌還是創辦人夫妻。Ben 非常理性，每次品牌系統給的意見，都可以很清楚知道，那是他的意見。因為他的答案提供出來常常過於理性，我就會說，這答案應該是 Ben 寫的，結果都大概都相去不遠。

　　另一方面，Monica 過去的經歷是個行銷人，經過創業的洗禮，她現在反而沒有那麼行銷人了，她培養更多通盤大局的能力，也是一間公司，在品牌、行銷、商品、財務等方面，需要有一個人做全面的觀察。而我認為 Monica 現在正經歷這樣養成的過程，我們常常會在品牌系統中間，討論非常細緻的問題。所以這對夫妻，一個理性、一個感性，在品牌系統邏輯，相對造成有趣的拉扯和討論。

品牌討論的拉扯：除了口味品牌核心還有什麼？

　　在我們在進行品牌系統時候，我有一個非常大的感受，就是這家公司理性到只剩商品力。無論你們問他核心是什麼，他說的永遠不脫

離兩件事情，但是實際上也就是一件事情，就是「口味」。那無論這個口味，用商品角度、研發角度，還是從好吃的角度，它還是一件事情。似乎很難從這個角度之外，Magi Planet 能馬上淘選出別的品牌核心價值，這反而是我感到害怕的。

因為一個品牌的核心，若單一只建立在一隻腳，那真的非常容易被取代。也就是說，如果我告訴你，我們家核心價值，沒有別的就是好吃，那似乎你的好吃，很容易被業界的競品取代。競品會怎麼做呢？其實大概只要挖走你的研發，挖掉你商品部的頭，甚至只要走進你的工廠一次，看完你用的物料或是製程，大概就可以把你的核心挖走。

一個商周封面外銷這麼多國家的品牌，營業額早就破億，這個品牌難道只有這樣嗎？這是我們一開始遇到一個自我討論的局限，也就是我們把自己放在一件事情是，我們好像就只賣一個爆米花，而他的口味很多很好吃。那在這個過程，其實我跟 Magi Planet 團隊所有參與品牌系統的人也不斷的拉扯。

品牌核心重新梳理：分享價值塑造感性利益

在品牌系統討論後，關鍵核心除了商品以外，Magi Planet 一步一步提煉出「創新」這件事，是令大家非常驚豔的。我們針對創新這個說法滿多元的，它不僅是口味的創新，也是形態的創新，甚至是營運形態或模式的創新，搞不好未來 Magi Planet 不單單局限賣爆米花了。

或者是通路的創新，我們發現在五星級甚至六星級的飯店，在高鐵商務艙，甚至在特別的通路裡面，會看見 Magi Planet 的身影。還有思維的創新，Magi Planet 似乎站在零食產業裡，不對自己強壓框架，而是很願意做新的嘗試。那這件事做得好不好呢？我承認經歷品牌系統時候，有六分切實，有四分期待，也就是期待 Magi Planet 未來在市場的樣貌，能做出更多的創新。

創新這些部分之外，我們連帶希望可以讓消費者在認識、購買

Magi Planet 品牌過程，得到的感受是「分享」。這個分享的討論得來不易，因為分享是從初步品牌核心討論過程，在快 20 個關鍵字詞裡面，經歷非常久才淘選出來。Magi Planet 討論過的包含歡樂、研發、健康、新奇等等，而最終選擇分享，這就代表很多的意義。分享的核心概念，因為分享過於虛擬化或感性化，反而我們在後續的品牌操作，如何將這樣一個虛擬或氛圍型的關鍵字詞，具體化表達出來？

　　一個爆米花，在理性利益角度，可以呈現哪些說辭？不外乎玉米品種很好、工廠的製程符合規定，甚至所有的原物料都是真實的東西，而不是香精或香料。不過，在感性的部分，就有更多空間可以操作，對爆米花來說，既然是分享，跟家庭、朋友、友伴、親子，這些情境有很大關聯度。所以逐一去細部探究，針對每一種不同目標客層，探討他們當時購買後分享的情景，或者任務課題是什麼？我覺得這會是 Magi Planet 接下的挑戰，唯有透過不同情境塑造，才能夠快速提升消費的轉換，讓潛在客戶成為你長久的客人。

從不同客群尋求轉換：深化消費者想吃的情境

　　以現在 Magi Planet 通路布局來說，未來目標客群，或者既有消費客群，有部分是被通路影響。大部分客源是來自百貨公司、文創平台、網路甚至是 CVS（便利商店）。這些通路都有固定的消費客群，但實際上這些客群，是不是 Magi Planet 主打的客群？這個客群有沒有預期上的落差？這件事情可以思考，比如文創場域比較多年輕人、文青跟觀光客；在平日的百貨專櫃，可能是年紀比較高一點的阿姨或者婆婆媽媽；而 CVS 總是賣給講求嘗鮮或講求便利的人，那網路接觸的人群，又是實體通路碰觸不到，又或是慕名而來的人。

　　那 Magi Planet 目前情況，如何訴求不同目標市場，給他們不同的轉換誘因，是品牌很大的一個重點。因為我們從很多數字發現，Magi Planet 現在回購率、消費者新客獲得、舊客延續度，或甚至是客單價

數字，其實可以再往上調整。所以 Magi Planet 這個品牌主要的目標市場，也就所謂的 80/20 法則，VVIP 或 VIP 的存在客群位置，也將是下一步要深挖的。

同時因為多通路的情況，客群分眾也會被結構影響，怎麼說呢？因為我們有很大部分的商品是掛在通路裡賣。也就是 Magi Planet 不得不用通路的遊戲規則，比如配合販促活動，配合打折送禮。這種東西多半長期會不自覺減損，當年曾經是商周封面，品牌度很高的一個品牌價值。所以接下來的問題，品牌價值或品牌高度堆疊，究竟 Magi Planet 還能做些什麼？

第一個是行銷操作，的確會需要一些更具有經驗的玩法，然後再來就是把商周這件事情，當成一個美麗的開始，但不是結束。跟媒體溝通品牌高度的這一段，我認為 Magi Planet 不能夠避免。事實證明，今年他嘗試做公關媒體的投放，營業額的促進效果很好，農曆過年做了一檔報導，銷售反應是正向的。接下要看行銷團隊，以及其他工具使用模式，才能成就最終目標。

接著把這個話題，拉回品牌系統的建構。到底這個品牌的個性，跟消費者的印象是什麼？因為我認為，在這麼多年情況，我認為 Ben 比較少去思考，Magi Planet 到底要傳達給消費者什麼？乃至於消費者對這一個品牌印象是模糊的。也就是好像是賣很多口味的爆米花，或許說得出經典口味是玉米濃湯，可是卻沒有辦法在消費者的腦袋去思考，我在什麼時候，會需要這個產品？

因為沒有人會無來由去買一個東西，但行銷最好玩的點應該是回歸到上面提到的，創造不同群眾「分享的情境」，然後成為各自 TA（TARGET AUDIENCE 目標客群）腦袋裡的印象。這個是我覺得 Magi Planet 在後續要處理的幾個課題。另外，要把一個分享情境創造成消費者印象，我覺得還有一個，比較不是正面的問題，但是它會是一個旁支影響因素，就是整體店頭形象的改造，我覺得這是一項能否夠同步提升 Magi Planet 印象的另一個因素。

老闆意識賣品牌更重要：爆米花其實很台灣味

我覺得整個品牌系統輔導過程，在前端觀察到 Ben 是工程師，他在很多東西都過於理性，在品牌投資上也很理性。從前的工作及創業經驗，讓他在商品毛利或行銷投資是要求非常精算的人，但也因為如此，很多時候對品牌有幫助，但不會有立即效果的項目，他可能不會優先去做。連帶這八年來，可能無形中錯失品牌增值的機會，這可能是他要注意，爆米花在好吃口碑之外，還要注意的事情。

但不得不說，跟他們團隊合作後，觀察他跟團隊在研發商品、經營生意是非常腳步紮實的。他們要做出一個迷人口味，或是一吃再吃上癮的爆米花，投入的努力是高度追求的。從這個角度必須讚賞 Magi Planet 研發的能力及毅力。一整年接下來推出新品的口味，針對不同國家、地區的限定版口味，從好吃到深化，都可以看到他們背後在新品研發跟口味創新的努力。

Magi Planet 其實是一個滿台灣味的品牌。不要看它好像在做外國起源的商品，它其實是很台灣個性，也就是說台灣苦幹實幹的精神。這是要把這件事做到好吃，然後口味能很多，且不斷閉門研發，某時候品牌也不會說好聽話，沒有太多的堆砌和包裝，就很直率把這東西放那邊開始賣。這個過程是非常少消費者了解的，而這個也應該是成為品牌對外溝通的養分。

第二個在品牌系統過程的觀察，他們是一個很紮實的團隊，或許對品牌沒有過度想像，往往一旦確定方向，他們做事情很有效率。我也很期待看到企業讓出的空間，因為品牌操作跟行銷需要想像，這就需要空間去操作。如果凡事都太過追求實際邏輯，可能反傷品牌，例如配合百貨公司做販促活動，相對也減損品牌價值。Magi Planet 在市場裡常面臨到的問題，品牌不是特別漂亮，消費者也沒有第一時間吃過我的東西，才會知道真的比較好吃，所以常常會被更多譁眾取寵的品牌給取代，或者是更多低價的品牌給搶先，這就是 Magi Planet 目前現況體認到的道理。

我相信 Ben 在近期一定有深刻的瞭解，比如說，商品賣不動，譬如新來客數減少或轉換率變差，他肯定是從一些營運狀況，分析到現在這個情況跟以前不一樣了。我記得在輔導過程中，他的通路經理曾說過一句話「賣不動了」。這個商品單就現在的樣子跟價錢賣不動，因為賣的是一粒爆米花，而不是一個品牌的爆米花。不過，這個過程他們已經意識到，品牌這件事除了真實存在，還是應該被執行到有利可圖的。因為他們對創新的要求，不同場域的想像，是 Magi Planet 下一步能夠為產業帶來一些新氣象。

零嘴品牌「溢價力」：如何吃出價值而非價格？

我覺得星球要做到品牌「溢價力」，說來是辛苦的。一個零食其實不太像一般流行品，而且，比較偏一次性吃完就沒有了。所以可以從這個方向去思考，在食品業可以有超額毛利，或是有「溢價力」，甚至成為一個讓人覺得很高尚品牌，可以賣很貴價格，以及做到「指名度」。市面大概可能挑得出幾個案例，金莎巧克力，平均起來其中一顆不會太貴，但是它鋪天蓋地創造義大利的氛圍，永遠都是很漂亮的電視廣告。

另外，哈根達斯冰淇淋也是另一個經典案例，雖然它在便利商店販售，可是在消費者心中，仍覺得它是冰淇淋裡的頂級品牌。進一步去思考這類商品的操作模式，不可諱言，都有一種炫耀性的存在。你會拿小美冰淇淋自拍嗎？你會拿一個 77 巧克力，炫耀說吃這個巧克力好像很了不起嗎？所以換個角度，當我們本來就知道 Magi Planet 不是賣低價到市場的同時，那是不是應該創造給客人這樣的氛圍？也就是其實爆米花，不是吃下去以後的旅程，而且一開始購買它、擁有它，就開啟了這趟有炫耀價值的旅程。

你會發現，這個包裝好可愛哦，在高鐵商務艙才能吃得到，就有一種想拍照上傳的動機。或是全家人、是朋友聚會，你拿出這樣東西，心裡會覺得在大家面前很有面子。所以實際上 Magi Planet 不是一個必

需品，而是一種近乎於輕奢品，它比其他零嘴再貴一點點，但在消費者心裡就不單單覺得只是在吃一種零嘴。所以說，Magi Planet 雖然表面賣一種食物，卻在食物還沒下肚之前，它的旅程就已經開始。

我覺得從這樣邏輯來操盤的話，我們講比較實際的近期策略，應該要先把這個品牌的完整度提高，也就是 Magi Planet 的名稱、CI、包裝、調性，全部一致化。之後再透過一些題材、議題包裝的方法，給公關跟媒體，快速拉高他的知名度，才能透過這個方法增加品牌的信任及「指名度」。

那比較長遠的過程，現在已經賣到有一點「溢價力」，也就是商品其實賣比較貴。今天另外的策略應該是，有沒有辦法再把這個東西，賣給金字塔頂端的那群人。但是你要打動那群人的心，就不得不做很多品牌高度的事情，而不是單單只在販促，那這件事情可能有違一位科技人老闆的立場。也就是很多品牌行銷投出去的錢，沒有辦法馬上算轉換率，那這就是老闆的課題。他可以容忍或是放開多少空間，留給行銷團隊去創造品牌價值？這件事就要看他了。

我覺得在同一個品牌把中端跟高端開出來的例子，其實是有的。我們講台灣好了，其實我們常常聽到一代店、二代店，以西雅圖極品咖啡為例，它開了另一間高端的咖啡館「Barista Premium」在延吉街跟忠孝東路口。你可以想像，原本西雅圖咖啡跟那家店，氛圍完全感受不出是同一家店。但是那家店生意很好，一杯咖啡平均比其他店貴一個趴數（％），但還不到消費者無法負擔的價錢，這就是一個很好玩的思考。

要去想 Magi Planet 的下一步做法，我反而會這樣子做，我會選擇在市場比較大的情況下，星球爆米花的這個譜系，還是比較多營業額貢獻，我會把全部的店，做到比星球爆米花的店，再高一階的感受，去賣星球爆米花的價格。那到什麼時候再來做 Magi Planet 這個高端品牌？在獨有幾個我認為我的 TA（目標客群）會出現的店址，我另闢戰場賣更高端的產品，消費者完全不會感受到星球舊有的影子，這樣才會成功，不會讓客人覺得自己品牌打自己。這個操作再講回來，如果

連一個品牌的操盤模式已經很辛苦，我覺得這不會是 Magi Planet 優先前面的事，我覺得現在應該先完整定位目前品牌後來分眾，也期待他們之後的新樣貌。

Chapter 5

凱爺：「Magi Planet」繼續 ing

Magi Planet 爆米花，創業的起點，原本 Monica 被 Ben 硬拉加入，但曾幾何時，她不僅更加投入，甚至笑說現在幾乎沒有休息時間，每天想的都是工作的事。反倒是 Ben 愛上馬拉松之後，跑步成為他事業偷閒的樂趣。兩個人，從小情侶躲在鍋爐旁一邊測試一邊玩，看玉米何時可以炸出圓滾滾的爆米花，變成現在成為一家旗下商品售往數十個國家，高峰期每天倉庫堆滿上萬包貨的矚目品牌。Ben 曾笑說：「都快被爆米花淹死了！」看似無奈背後，其實是心繫一顆顆爆米花，早日滿足千萬張貪吃的嘴，當老闆的甜蜜小確幸吧。

但是他們曾經辛苦，曾經沒有訂單，兩人只能眼巴巴在工廠你看我我看你。沒人教他們怎麼拓展海外市場，Ben 就當起空中飛人，沒人教他們怎麼經營門市訓練成員，Monica 就跑到第一線，親自下海搞定門市銷售。Ben 說：「家裡不是開公司做生意的，以前我不懂我們明明付出這麼多，對員工好，為什麼會有員工離開？當我開始看書、上課，我才慢慢知道，其實沒有什麼是理所當然。帶人就像帶一面鏡子，你怎麼對別人，別人就怎麼對你。」

兩個人從工廠、製造、送貨、行政、行銷到管理，他們才知道炒出一顆好吃爆米花的成功是一時，而要維持企業運作的功課，才是一輩子。近 3,000 個創業日子，他們從自認為的理所當然到學習圓滑。下一步，他們要讓 Magi Planet 成為——「當別人一看到我們的爆米花，大家就會想到是 Come from Taiwan ！」要達到這一步，捷徑無他，只能持續耕耘，採訪完這對夫妻，他們一如往常走回自己的辦公座位，盯著螢幕數據想著下一步品牌策略。一箱又一箱的爆米花海簇擁，他們試圖向自己證明，小零嘴也能有大品牌。

—— 路邊攤賣貨人生，七年級老闆的飾品帝國「VACANZA」

七年級創業頭家徐亦知，35 歲，剛認識給人的第一眼，外型打扮仍保有年輕大男孩的朝氣。看起來很靦腆，不太多話，但他的心思，卻有天蠍座早熟的應對底氣，可能是他選擇比同儕更早接受社會的現實吧！大部分人在 20 初歲，乖順在學校鑽學歷，他自知不是讀書料，即使被家人軟的、硬的施壓伏案，卻也囚不住他的叛逆因子。

莫名喜歡打工，腦袋開始盤算，與其幫別人打雜，每個月只能領固定薪，不如「自己當老闆」試試看吧！當時還是加冠之年的徐亦知，什麼沒有，最多的就是時間。逛夜市看著人來人往，感受到人流就是金流的魔力，創業念頭馬上動到，感覺擺地攤好像很好賺耶！血氣方剛的他，很有衝勁，當時風雨無阻，騎著摩托車，後頭綁著一卡大皮箱，穿梭在台北各大街小巷。

擺攤為了搶到好位置，吸引更多人流，每天算準時刻，拿了貨開始跟時間賽跑，一天跑兩三個據點沒問題。每天追貨、賣貨、躲警察、地頭交陪的「周旋」，日復一日他才意識到，原來當老闆比想像還要這麼難為！回想最早批貨日子，徐亦知調動腦海裡 14 年前的記憶，一切都要從家庭教育對他的影響談起……

Chapter 1

血淚回憶錄：不愛念書的毛頭小子，打工愛上服務業

很多創業世家，第二代從小耳濡目染父母的生意經，不知不覺累積厚實的創業社會資本。但徐亦知不同，出生軍公教家庭，爸媽對孩子最大的期望就是「把書讀好」，求得學歷後找份穩定的工作。他回憶：「我小時候都被關在房間裡，但我都念不下去，還被送去教會讀書。」

與父母期望的拔河，徐亦知雖然某程度妥協，在五專選讀電子科，順應當時台灣 ICT（Information and Communication Technology 資訊與通信科技）產業養出一隻隻科技新貴風氣。但他坦言，對電子領域完全沒興趣，自知又非讀書料，當時他最大收穫，應該就是半工半讀了吧！

「我很愛打工，課業被當很多，打工賺的錢，很大一部分是拿去補學分了（笑）。」

徐亦知做過餐廳、宴會館服務生，他發現服務業可以認識很多人，享受打工樂趣，竟也成為他日後擺攤賣飾品，不怕跟陌生客攀談的經驗養分。讀了五年電子工程，他也嘗試著學以致用。就讀夜二技時，他白天待過電子、刷卡機公司，電子流程的 QC（Quality Control 品質管制）到出貨的品檢他都摸過，但繞了一圈，坦言，最愛的還是服務業。

因為愛吃鐵板燒，竟當起了鐵板燒師傅。站在第一線服務台，徐亦知每天一邊炒鐵板食材，一邊算每天有多少組客人、平均一餐吃多少錢。他想，自己每天不斷炒一盤又一盤的食物，因為這份工作讓他萌生自己開一間店的衝動。

他用員工角度算計，只看到每天店內流進的帳面營收，卻沒想到一家餐飲店面背後要支撐的營運成本，從店租、人事、稅務到各種固

定、浮動支出雜項，看不到的隱性成本，是當時社會小毛頭，不會算的「魔鬼的細節」。年少天真但志氣高，一股不想領死薪水的念頭，開啟徐亦知日後創業的另一扇門。

擺攤人生：一卡飾品皮箱，賺進第一桶金

　　當時徐亦知看到身邊不少朋友，流行戴文青風格耳飾。他靈機一動，心想不如去火車站、永樂市場批發鈕釦，把它加工改成鈕釦造形的耳環。單純的起心動念，想著一卡皮箱把貨塞滿，這樣就可以到處賣了！

　　他坦言當時根本沒有品牌思維，更沒有成本結構概念。對市場的定價策略也沒做過功課，尤其飾品商品進貨計算的 SKU 數（Stock Keeping Unit，意思是保存庫存控制的最小可用單位。例如飾品商品中一個 SKU，表示一個規格、顏色、款式）。他什麼都不懂，只知道把皮箱塞滿滿就夠了。

　　他記得最早一對改裝後的鈕釦耳環，單價落在新台幣 50 ～ 100 元。但沒多久就發現，這類同質商品開始出現殺價競爭。一樣貨源、一樣款式，別人硬是賣兩對 50 元，甚至出現四對 50 塊的自殺價。「做生意的本能告訴我，這件事不能再做，已經是紅海了……」於是他決定自己開發新的飾品樣式。

　　他當時看到市面開始流行一種獨特材質，名為景泰藍工藝的琺瑯式耳環。景泰藍為銅胎掐絲琺瑯，又稱燒青。古代掐絲琺瑯技術從西方傳入，元代開始製作，明代景泰年間達到高峰，因此又稱「景泰藍」，是由金屬胎嵌搪瓷工藝，所衍生出來的一種獨立工藝。「我覺得太酷了，找遍整個板橋舊工廠，還到網路黃頁搜尋地址，去一間一間找。」

　　由於景泰藍在 1970 年代是台灣外銷金屬商品相當重要的工藝，當評台灣甚至有「景泰藍王國」的美譽，但隨工廠外移、產業沒落，在台灣留下的，幾乎是停止運作的工廠所改建的住家，而且剩下的貨都

是過往庫存。別人留下的滯銷品，卻成為徐亦知眼中的寶藏。他用相當划算價格買進，經過一點改造，成為市場的獨賣款。因為創新，所以熱銷。徐亦知回憶，那陣子擺攤生意屢創新高。

不過景泰藍耳環不是沒有風險，因為沒有開發設計，能賣的貨源愈來愈少。逼迫他攤上所展示的貨，勢必要再翻新，才能吸引顧客回流。

這時候的他，開始懂一些做生意的「眉角」，他發現飾品設計必須不斷有活水引入，為了讓「款式多元」，他開始批價位更高端的日韓貨來賣。除了貨源，賣貨位置的選點，他也慢慢土法煉鋼摸索出一套「擺攤心法」。

徐亦知與當時夥伴，一天兩個人跑四地輪流擺，從忠孝東路、敦南誠品前方廣場、天母忠誠路到師大夜市。看準人潮多、業績好的潛規則，他慢慢抓出各點適合擺攤的最佳時段。例如忠孝東路中午、晚上特定時段生意好；天母周末的中下午人流多；夜市更不用說，一定是晚間吃飯最有人潮錢潮。

不用付攤租、人事成本，單靠那一卡皮箱，一個月營收快 20 萬。從鈕釦批貨開始，短短兩年時間，他自食其力，年紀輕輕就賺進人生第一桶金。

延伸競爭價值：轉當批發商，不懂市場喜好慘賠收場

人都是想往高處努力，即使是做生意也不例外。在夜市擺攤兩年多，徐亦知在選品、定價、服務項目有了一些啟發，他想何不嘗試做做看上游生意？過去都在末端販售，總是被上游價格控制，沒有喊價籌碼。於是，他想從 B2C（Business to Consumer）銷售模式，拉長其價值鏈，往上延伸到批發商角色，慢慢讓自己可掌握貨源品質與定價能耐。

價值鏈的概念，最早是哈佛商學院教授麥可‧波特（Michael

Porter）在 1985 年《競爭優勢》（Competitive Advantage）一書提出。
「由於每個企業都在設計、生產、銷售、配送及輔助其產品的過程，
進行種種活動的集合體。所有這些活動可以用一個價值鏈來表明。」

也就是說，每個企業都處在產業鏈中的某一環節，企業要維持產業中的競爭優勢，不僅取決於其內部價值鏈，還取決於在更大的價值系統，也就是企業價值鏈與他的供應商、銷售商、顧客之間的連結。

當然徐亦知坦言，他那時候根本沒有企業價值鏈的概念。他火速在火車後站開了批發店，商業模式以 B2B（企業對企業 Business to Business）為主；B2C（企業對消費者 Business to Customer）為輔。如此一來，他更熟悉上層供應商運作規則，也親自去日本、韓國找貨，進一步了解飾品材料的製程、產品生命周期。

批發生意讓他蒐集到各商圈的消費輪廓；哪些批客攤友主要搶某些款式的獨賣，又或是哪些商圈攤友的補貨頻率，讓徐亦知慢慢知道各商圈、夜市的景氣狀況，無形中培養他對市場敏銳度、價格帶範圍的 Know-How。

但是，練就市場嗅鼻的功力，不代表生意一定做的成。「開批發店初衷想做差異化，因為品質選擇較好的材料，連帶批價相對也比別人貴。」徐亦知以為只要商品夠創新、夠有品質，下游廠商一定買單。

殊不知他想得太簡單，一來對流行趨勢的拿捏還不夠精準，他發現自己找的日韓、歐美貨，流行時間往往早台灣大半年，過於前衛風格在台灣反而不吃香；二來，當時後站批發貨源，別人引進中國大陸貨，徐亦知反其道而行，以為日韓貨市場會搶手，但沒想到光一件單價，日韓貨成本是中國貨的 4 倍。

當商品成本墊高，下游批客為了好賣，勢必壓縮自己的毛利，但偏偏他的客戶不是專做品牌的大戶，而是夜市賣貨散客。高單價商品在平價商圈，反而成為滯銷品，連帶客戶訂單節節萎縮。最後徐亦知所賺的營收，幾乎只能打平拿來付店租。

徐亦知此刻才驚覺，原來批發不僅要有腦子，更要銀子，口袋不夠深，根本無法玩「量大」的生意。於是批發經營一年多趕緊停損收

手，雖然沒賺到錢但贏得經驗，於是他再重返攤販，開啟擺攤生涯 2.0 新頁。

後期擺攤的全盛時期，他在台北營運據點，擴張到 6 個攤位（東區 3 個，通化街 1 個、饒河街 2 個）。正因為攤位擴張愈來愈大，這場創業打怪的遊戲，他被迫不斷進化，思考下一步棋怎麼走。他開始意識到品牌的價值，慢慢切出新一階價格帶、銷售板塊，逐步往東區商圈前進。

擺攤到店面：「在我心中，夢想開一間很漂亮的店。」

回想擺攤那段辛苦歲月，徐亦知說，被警察追開單、夜市黑白道周旋都還是好處理的小事。往往最難克服的是「看天吃飯」，擺攤其實是一份非常受制天氣的「人流財」。凡舉雨天、寒流報到，抑或颱風橫掃，幾乎整條夜市就是空的。但徐亦知說，他是工作狂，就算是整條夜市冷清到沒什麼人逛，他依然準時擺攤。加上自我堅持的怪癖，即使寒流席捲冷得要命，他拒絕把自己包得跟熊一樣，再怎樣也要以型男姿態擺攤。

「客人看你穿這樣也不想上門，我寧願冷也要穿得有品味，也要拉近跟消費者近一點距離！」

2010 年對徐亦知是關鍵的一年，也是醞釀 VACANZA 誕生的重要轉捩點。

在夜市商圈擺攤久了，他發現自己單件商品定價主要落在 300 元左右，但在夜市，愈來愈多攤販從淘寶批貨，喊出耳環一對一百的訂價。他開始思考自己的價格帶比其他攤販高，但明顯夜市的 TA（目標客群）消費力有限，於是他看準台北東區人流鼎盛、平均消費客單價較高的商機，毅然決然把市場移轉東區，租下三個攤位。

東區的販賣點改到騎樓下，避開過去夜市風吹雨淋的狼狽，提升客人更好購物體驗。同時接觸到的新客群，也跟夜市差很大。

「東區客戶更在乎品質、比較挑。她們買東西如果有問題一定要能找得到你。」徐亦知發現，這一批客群不太在意有沒有打折？能否殺價？反而問會不會褪色？是否過敏？「我很驚訝，她們不那麼在乎價格，而是配戴的舒適度、耐用度。因為飾品長時間與皮膚接觸，她們更在乎品質，只要商品好，她們是會買單的。」

跳脫價格戰廝殺，觀察到客人對品質、服務的追求，也間接促使徐亦知感受到「做品牌」的必要。即使當時擺攤，從一卡皮箱進化到一整台飾品車，SKU（Stock Keeping Unit 庫存量單位）提升到 800 ～ 1,200 組，加上過往批發店經驗，上游批貨更懂跟廠商要求獨特款，並控制商品品質。

但徐亦知隱約感覺到，每天從早忙到晚，擺攤永遠賺的是勞力財：用時間換金錢，而非品牌的「溢價力」。更不用說，攤位在產品管理面，沒有資訊 POS 系統（銷售點系統 Point of Sales），永遠無法統計哪些單品賣的好；人員管理面，永遠是一個人往前衝，長久下去只能做小量，永遠無法規模化經營。

更重要也是他更在意的是，攤販批貨永遠無法變成品牌。當客人認不出你叫什麼名字，永遠只能跟朋友講：「喔，這個項鍊我是去饒河夜市裡攤位買的。」當時徐亦知開始意識到美學陳列的重要，他自己在攤車 DIY 塗漆寫上名字讓客戶好辨別，甚至從細節優化，在每一對耳墜、項鍊別上卡片，試圖有一些品牌形象。

但這些跟真正做品牌的規模，還有一段距離的落差。儘管 6 個攤位，扣除租金、成本、人事，能創造為數不小的營收；但在徐亦知心中，他始終有個願望，就是把當初的一只皮箱變成一間店面。「在我心中其實有個夢想，就是開一間很漂亮的店！」

Chapter 2
企業實戰：咬牙投資兩百萬，VACANZA 一代店正式落成

　　從擺攤到開店，兩者等級的差異，絕對不是簡單掛上一個招牌，就代表開店會成功。開店與擺攤的差異，小至商品陳列、門市形象、人員管理，大到資金數字、經營戰略、品牌決策，每個環節一不小心，可能就鎩羽而歸。徐亦知自剖：「我的個性比較杞人憂天，想比較多。我不算非常敢的人，需要深思過才敢跨出那一步。」

　　的確，第一間店光租金一個月要花上 10 幾萬，更不用說裝潢、水電、押金、人事……這些項目加加減減，全部堆疊起來光成本費用就要 200 萬。雖然想冒險，但不敢躁進，徐亦知地毯式巡邏東區的店面，他發現自己的攤位對面，有一排店面位置還不差，但他觀察，有些店家也是以每半年到一年的周期，更換一批新店家進駐。

　　這代表，雖然位置不錯，但不代表開店後就可高枕無憂，在生意的「眉角」上，一定要先有據點「插旗」，再靠方法導進「人流」，最後用品牌促使客人「持續回購」。

　　但是，基本客群的人流從哪裡來？

　　新開幕的空窗期是徐亦知最害怕的事。「第一間敦南門市，開在我們擺攤的正對面。我認為創造人流最快速方式，就從擺攤的過去客群直接導流到店面。」

　　他在東區商圈擺攤快兩年時間，幾乎把當地消費習性摸透透，並花了一段時間跟市場教育溝通，從攤位到店面有一段共存轉換期，主動告知客人攤位將移轉到店面。當過去的客戶慢慢導引到門市後，才

慢慢把其他攤位收掉，也是如此 VACANZA 品牌，終於正式在 2012 年曝光，展開徐亦知創業新里程。

然而，開店除了經營品牌目的，還有另一個因素，是徐亦知拚命達成夢想的祕密。擺攤後期，不再是一人單打獨鬥，多了當時還是女朋友角色的趙宇葶加入。

兩人有共同家世背景：「雙爸軍」，兩人父親都是軍人出身，自幼家庭紀律要求甚嚴。當時父母擔心徐亦知在外擺攤，成天風吹日曬，有時還需到半夜才能收攤，擔心回家路上發生什麼意外，總是希望他找一個穩定的工作。但徐亦知還是堅持熱愛的飾品業，相信自己能創造屬於自己的一片天

徐亦知咬一牙，投入 200 百萬過去的心血，從 6 個攤位合併成一家店面。一股賭賭看，想跟爸媽證明的心情，誰也沒料到，五、六年後的今天，VACANZA 已經橫跨台北、台中展店達到 5 間門市。更不用說 2017 年攀上高峰，總營收達到新台幣 1.5 億元，市場據點更從台灣走出國際，正式落地馬來西亞、越南，成為台灣流行飾品的龍頭品牌地位。

夫妻創業是福是禍？從磨合歷經拆夥到再合體

擺攤前幾年都是徐亦知一個人孤軍奮戰，後來有女友趙宇葶的加入，從形單影隻的孤鳥，成為比翼鳥雙飛戰隊。趙宇葶還記得，那年她才剛上大學，為了花光過年壓歲錢，第一次跟他買飾品，當下一口氣就撒兩千多塊。

趙宇葶說：「我喜歡怪東西，太乖的不是我的最愛，我發現他攤子有很多風格，摸一摸就挖到很酷的東西，最記得有一個貓頭鷹的戒指，那個我戴了很久，到現在還留著⋯⋯」

從客人到闆娘，角色的切換對趙宇葶而言，中間其實穿插好多好多故事。創業的生活從來不是每天開心數著鈔票這麼簡單。當年還是

大學生的她，最初是以「工讀生」的身分加入，幫徐亦知一起批貨、顧攤。

兩人一起合作，看似力量加乘雙倍，但工作過程，往往意見不合的爭吵機率，更多於順從對方的觀點。以商品開發為例，兩人對挑品的眼光就差異很大。趙宇萱有獨特的時尚眼光，敢進其他店家不敢進的商品，但有時就忽略過於前衛大膽的風格，市場接受度並不吃香。「我進這些貨，它們就像我的小孩，是我挑的，在賣過程就會介紹很開心。但有時他（徐亦知）會說，那就只有你會戴的東西啊！」

徐亦知那時已經在夜市闖蕩多年，他說：「我就是一個商人，每天就是想辦法賺錢。但她那時還沒出社會，沒有太多實戰經驗，想的事情比較理想化。」例如在人事管理、產品定價，兩人有很多意見磨合，趙宇萱就像當年在鐵板燒店工作的徐亦知，沒有考慮太多成本結構，單純只看帳面的商品成本，認為定價怎麼如此高。

甚至 VACANZA 開設第一間門市時候，不再是過去小倆口顧攤的「你情我願」，而是有企業規模、聘用員工的「雇傭契約」。兩個人在分工上，沒有好好商量分配，導致同一件事兩人看法不一，員工在決策聽取上莫衷一是，不知道該聽誰的。因兩人對管理跟經營的看法不同，反而影響了感情。

兩人在盛怒之下，衝突一發不可收拾，當時正巧趙宇萱大學畢業，兩人心想再吵下去也不是辦法，決定公事上分道揚鑣，各做各的。回想那陣子脣槍舌劍、互不相讓的日子，竟然沒有分手，最後還能結為連理步入禮堂，甚至還生了小孩，兩人都大嘆不可思議。

不過事業上的拆夥，對趙宇萱而言，卻是快速成長，學習商業運作邏輯的最好契機。她說自己最大興趣就是買衣服，乾脆把買衣服結合網路，她成立「一卡皮箱」粉絲團，獨立經營生意終於明白，原來當老闆這不是容易的事，請了員工才體會到男友作老闆的壓力與難處。

當時促使兩人再合體的轉折契機，來自 VACANZA 正要擴展第二間門市。雙方事業都處於高速擴張，但同時也面臨一個重要問題：「門市繼續開下去一定是更忙，愈來愈忙無法經營感情，怎麼辦？」

最後趙宇萱忍痛割愛「一卡皮箱」，帶著兩名員工加入 VACANZA，為 VACANZA 第一次的轉型，打下基石。

「再回鍋」的趙宇萱，這次的她不再是當年稚嫩的小妹妹，「以前我們常吵架是直接在員工面前，我們不留情面給彼此，但對整個管理沒好處。」她說這次回來助攻，兩人都有所成長，更因取得共識，屬於自己事務的決策，另一人完全不干涉的原則，現在兩人幾乎沒有太多爭論。

「就算我們有事情在不爽，都私下兩人自己解決，講好絕對不在員工面前吵架。回到家可能都 11、12 點，等到躺在床上了，才會拿出來好好討論。太久沒吵，他現在有時還會邀請我吵架耶。」趙宇萱笑說。

第二間門市才是真考驗：數據力，企業轉型最痛的蛻變

擺一個攤到開一間店，因為新鮮、有趣，在摸索過程，細節的難處還不會遇到。真正門市經營、品牌策略的痛點，是在規模擴大到第二間店後，才是企業管理真正的考驗。

夜市到門市，徐亦知在飾品產業前前後後也快 14 年，他觀察，台灣飾品產業有獨特運作模式，扣除家族企業自有工廠案例，高百分之九十九的擺攤業者，無法撐過前 5 年的考驗。

因為擺攤門檻低競品很多，大家商業模式都是搶快錢、只要賺今天就好，成為削價競爭的惡性循環，導致最終累死自己，只賺到幾塊錢毛利。這還只是在擺攤生態的討論，如果把討論視角切換到經營品牌，那就更難了。

「台灣流行飾品要養成大品牌，有好幾道天然屏障卡在那裡。」

徐亦知說台灣做流行飾品品牌，難在於沒有先例可以依循。不像服飾業可以參考龍頭企業、看前輩怎麼經營。但流行飾品沒有，一切只能自己來，尤其當你面臨規模化、組織化過程，一道道天然屏障就

是市場門檻，跨不過去就只能陣亡。

飾品粗分兩類，一類是國際級品牌，結合鑽、寶石走高端、精品路線，他們有跨國資源去發展品牌深度，以及做全球行銷廣度，透過量少、價高策略，不斷墊高品牌的價值。相較之下，另一類流行飾品，大多從幾百到幾千塊的價格帶，要長期生存又要經營品牌，過程有許多必須克服的挑戰。

所謂飾品行業的痛點，不外乎商品的 SKU 數太多、商品尺寸又小，光門市庫存控管、POS 系統控管、產品開發追貨控管，每個環節要跨過那道門檻，需要非常非常多的資源。所以大部分業者，還沒插旗就死在灘頭堡，更不用說要把營收做到億元等級，還要撐起品牌高度。飾品產業的獨特業態，打頭陣的品牌相對辛苦，沒有前車之鑑，每個冒險是福是禍，都要把頭洗下去，才會見真章。

VACANZA 在快速擴張開設第二間店過程，各種事業體營運問題才一一浮現。如果說，第一間門市學會成本結構，了解各種銷售數據指標，例如銷售數量、毛利、淨利、客單價、庫銷比、平均單價之後，這還只是練就功夫第一層的打底而已。

要打通創業的任督二脈，還有門市的商品庫存、人事管理、分店系統串接，種種如險峻高聳的考驗，等著他們一山一脈的攀爬翻越。就拿「商品標碼」來說，如果只有一家店，可以用手寫貼標，不會有同樣商品，價格不一的情況，更不會發生一樣款式這間門市有標碼，另一間卻沒有的窘境。

「開第二間店，才是真正系統化考驗的開始，我們就經歷過這個陣痛期。」

上千款的耳環、項鍊，在一間店是優勢，兩間店以後卻是痛處。當商品的品項超過可控制，沒有標碼系統輔助，VACANZA 就曾遇過這間門市賣 A 價，另間門市賣 B 價，當客人發現「一樣商品，怎麼賣不同價格？」造成信譽危機。VACANZA 開設第一間店，雖有導入 POS 系統，但在商品管理上，缺乏商品編號、建立商品目錄的經驗，更不用說透過 BOM 表（Bill of Material 物料表）做分類清單。

當時的徐亦知，商業策略希望求快，沒有針對不同品項建置不同標籤系統，而是「一個標碼代表一個價錢」，所有同樣價格商品都用同一個標。事後要去撈熱賣款式做再行銷，就遇到問題了，同樣價格的品項少說上百種，哪些是「爆款」？哪些是「挫組」？根本撈不出數據，POS 系統毫無發揮作用。

「那時候我們經歷一段混亂期，每天摸索如何有系統建品項、分類商品。用過去經驗摸索方法配合 POS 機，把新進貨的先建標，讓舊有品項重撈出來，再層層建立起品項分類，有些沒有貼新標籤的就加減賣……」

加上飾品本身就很小，要在飾品加上標籤是件不容易的事，但 VACANZA 為了讓售價透明化、方便管理商品庫存，在多方面下工夫研究。以及店面陳列影響「購物體驗」，中間涉及更多關於客戶動線、分類指引、陳列熱區、燈光布局及銷售引導的策略，不再是把一個屋子塞滿琳瑯滿目的貨，客戶就會買單。

盤點讓第二道屏障現形：每間店囤貨款高達一千萬

經歷過陣痛，才有改變的可能。門市管理除了標籤系統，另一環節還牽涉商品控管與盤點庫存，如何算得深、做得穩，倉庫才不會像一攤死水，卡死一堆貨無法有效轉換成現金。以前推著攤車逐水草而居，但今天店面提升兩倍大的空間，經營心態一定是跟著無限膨脹。

門市一定要達到最大坪效，所以款式要夠多、數量要夠滿。所謂坪效，也就是一間門市的銷售金額，除以門店營業面積（不包含倉庫面積）所算得的數字，也就是作為評估門市銷售實力與效率的一個重要標準。

「擴大第二間店後，當時我們覺得商品永遠不夠多、不夠滿，就一直叫貨。以前分貨依據營業額高的店，給的貨就比較多，怕門市現場沒庫存就猛塞，導致有一天，員工說店內倉庫放不下了。」

趙宇荳當時心想，怎麼可能，每個月也都有固定銷售，怎麼會突然說貨囤滿了？小飾品一間店隨便 SKU 數都可以破千，如何紮實做到庫存盤點，有系統做數據統計，這也是徐亦知描述的，飾品產業的另一道天然屏障。

「直到點庫存才驚覺，很嚇人，每間店都有價值一千多萬的貨堆在那邊。我們庫存超多，多到一個不可思議……」

五間店，就代表有 5 千萬現金「閒滯」在倉庫，認真盤點後才知道帳面下的驚人數字。「那時候我們一直在想是哪一步做錯？為何莫名囤貨這麼多？」

趙宇荳接著說，最大的管理問題，就在庫存控管與財報比對，沒有一個人認真去對帳、去盤點銷售與庫存的比例，倉庫內堆疊的貨，比帳面上賣出的銷售還要多。

對此，VACANZA 擬定新戰略，修改後期展店計畫，每家店空間控制在 6 ～ 7 坪，並做到「Less is More」的店面管理學。

「我們後來發現，一家店放 600 個 SKU 跟 2,000 個 SKU，對客人而言其實是一樣的！因為她再怎麼買都有天花板，太滿反而眼花撩亂，轉換數不一定比較好。以前覺得款式要多到爆炸，客人才會買單，但發現效果並沒有太好。」

與其放一堆商品，還不如挑主要的熱賣品，精進材質、系列，墊高品牌在消費者心中的高度，客戶才更願意回購，這是 VACANZA 經歷品牌重塑之後的新體悟。首先從材質精進，透過數據蒐羅暢銷的商品，將其再優化，讓熱賣款從合金材質，多增加純銀材質。

其次是品項，商品不再無限擴張，從千款選擇中挑出最熱賣的5%，進一步推出系列性商品，優化少數熱賣品，更可以創造價值。最後是依據每間店平均營收，調配進貨比例，不再是「憑感覺」追加貨。「Less is More」（少即是多）哲學不只呼應到商品管理，在營運、人事成本的投資，他們也學了一課。以前擺攤可能因現場包材不夠，徐亦知馬上騎著機車去採購夾鍊袋，常常東奔西跑，一天時間就過了。

但有組織規模後，不能再用時間換金錢，而是用效率換利潤。例

如過去一個款式從進貨、貼標、檢驗到追加，每個環節都需要人力檢貨，有時為了少量追加一個貨，整個採購到出貨流程要重新再來一次，一個採購人員平均要跟近百家上下游廠商配合，飾品產業現在很多仍靠土法煉鋼方式，必須拍設計圖給他們，他們才會趕貨。人力成本跟採購效率的再精進，是 VACANZA 下一步跨越產業屏障的功課。

Chapter 3

品牌再深化：營業額起飛了，品牌高度跟上了嗎？

「我們就是從夜市開始就衝，當時也根本沒品牌或行銷概念。擺攤起家的中小企業，沒受過訓練，請的行銷人員也不知道他要做什麼。過去都像打游擊戰，而不是有組織化的戰略，沒有太明確目標，每天開店只知道做營業額、做營業額……」

徐亦知這段告白，戳中許多中小企業老闆、行銷員工的共同心聲。每個老闆看似三頭六臂懂產業趨勢、了解品牌核心精神，但如何從他們腦袋中的精華，轉化成文案、內容、廣告各類素材，投放給市場，成為老闆到員工、員工到消費者之間的各段鴻溝。

「團隊永遠都在趕明天要做的事，沒有辦法一次到位。」成為許多中小品牌的相同痛點。

有趣的是，VACANZA，其原意是義大利文「假期」之意，其品牌定名緣由，徐亦知笑說，以前擺攤都是自己一對一跟客人聊天，發現客人壓力都很大，因為有壓力，所以想改運、想變美，買飾品成為生活找出口的「紓壓」消費心理學。

買飾品成為讓日子過比較好；活得比較開心的小確幸，透過買小物件來犒賞自己，變成「消費者感性利益」最深層的動機。也因為如此，徐亦知靈機一動，把品牌取名為「假期」，大家來買飾品過程，就像在度假一樣，紓壓成為一件有意義的事。透過一對耳環、一條項鍊的「小價格」，轉換成讓心情變好的「大價值」。

但「假期」品牌概念，要長期駐足在消費者印象中，卻成為VACANZA現階段急需重塑品牌的任務。

「從去年開始，我們營業額衝高了，但如何穩下來，把品牌基礎墊高，才是真正的問題。」徐亦知坦言以前擺攤人家說不出你名字，

但現在有店面，就代表是品牌了嗎？「以前有兩間店，發現消費者沒有認知我們是個品牌，大家都會說那家店，飾品超好看，但，是哪家店？就東區 161 巷那家啊……」

身為創辦人也意識到，品牌的識別度不足，如果沒有從內部開始奠基，並進一步轉化成行銷素材，自己都說不清楚了，也別難怪消費者也只能模糊指出，那是一家飾品很好看的店，但說不出那是 VACANZA 品牌的飾品。

品牌重整前的痛點還不只如此，由於品項多、5 家門市，快速擴張的副作用，讓品牌風格呈現更顯雜亂。從品牌的品項多是優點，卻也凸顯了取捨不了的缺點，找不到明確定位來代表 VACANZA 的核心，當產品過多，反而壓制了品牌個性的鮮明彈性。

過去 5 間門市，徐亦知希望每家店符合當地商圈特性，例如台北中山區聚集許多文化創意店家、咖啡廳進駐，中山店強化讓人放鬆、休息又可拍照的質感風格；信義威秀商圈走流行時尚，因此那邊的門市設計就會放大時尚奢華元素。

外部裝潢風格可以不同，但不能讓店頭規畫沒有落實品牌精神，導致門市內部細節缺乏一致性，例如活動檔期的海報規格尺寸、門市活動的宣傳時程、店櫃高度設計、商品陳列比例，都應該讓消費者踏進不同門市，但在內部是感受到 VACANZA 相同的品牌形象。也就是「不同裝潢中找到同質的內在核心」，包含視覺上的色調、展示點走位；嗅覺感受到的室內香味；觸摸到的陳列物件；聽到的飾品擺放聲，在「五感六意」品牌象徵架構下，創造消費者共同的品牌感受。

一碗大腸麵線的啟發：老闆想品牌 DNA，團隊共識重塑核心

「我們兩個自己常說，我們自己做可以做的很厲害，可是要告訴別人怎麼做就非常難。」趙宇葶經歷品牌系統討論，她大嘆：「上課後才知道，自己有哪些事情沒一一傳達給他們（員工）！」

她與老闆兩人，都不是擅長做系統化的規畫，自己腦袋裡可能有組織圖，知道怎麼從起點走到終點，但品牌路徑圖不能只烙印在老闆腦海，更多時候，需要複製、移植到團隊內部。「很多時候，老闆他自己知道，也以為大家都知道他的想法，但很多時候員工想的是另一回事……」

趙宇葶打了一個絕妙的譬喻，她說在品牌重塑前，內部的瑣事多到像一碗「大腸麵線」那麼多條，各種營運環節幾乎是碎片化一段、一段散落，沒有一個人把這些片段串接、梳理成一條有條理、有系統的線圈。

很多細節都靠做久了才知道怎麼落實，門市要求員工跟客人至少說上三句話為例，如果沒有一個手冊、一套 SOP（標準作業流程Standard Operating Procedures）教戰，甚至一份品牌白皮書，要讓一位新進人員馬上進入狀況，了解品牌的核心精神、企業組織有哪些該與不該的事項，是需要耗費非常高昂的訓練成本及時間。

經歷品牌系統課程，趙宇葶就發現今年行銷團隊在規畫過年門市行銷計畫，有明顯的成長跟效率。「以前的活動陳列，要一個一個告訴員工要擺哪裡。過去非常土法煉鋼，門市擺好後拍照給我看，有時你會覺得員工很笨，為什麼要擺在那裡。缺乏系統性規畫，說不定我的想法可能也是錯的……」

透過品牌系統課程，讓門市與行銷人員，建立系統化表單，羅列出年度行銷計畫各個檔期主題、排程，以及門市需要搭配的明確 DP 點。所謂店面的 DP 點（陳列點 Display Point），透過視覺表現手法，搭配多項道具和設計手段，結合商品所處的位置環境，形成特別檔期凸顯商品特徵的展示區域。

「現在做起事來，就非常有效率，可以省掉二、三十分鐘的來回溝通。」除了有一套 SOP 可以依循之外，決策者也更知道哪些事項的優先順序。很多品牌有連鎖店面，採取授權給店長的自決制度，但各店面若沒有內化品牌象徵，長期而言對品牌調性反而是傷害。因此在店面行銷術，透過商品陳列的優化；人員服務的親切，也是強化品牌在消費者心中印象的方式之一。

VACANZA 品牌核心：讓每個女孩找到屬於真我的命定款

　　要問一個老闆，你的品牌能否精確講出 3 ～ 4 個品牌核心價值？而且這些價值不是天馬行空想像，而是能扣連企業組織，延展出一連串商業行銷行為佐證的核心。VACANZA 也經歷過陣痛、卡關，團隊不斷自我質疑、辯證，究竟「品牌核心」元素有那些？經歷近半年的團隊共識，終於找出品質、服務、形象、真我，四大要素。

品質

　　採購環節——團隊親自到韓國廠商挑品確保品質。

　　品管流程——按照既定品管流程作業保持良好品質。

　　材質——商品主動送 SGS 鑑定評估，確保廠商品質。

　　顧客回饋——消費者的回應持續優化商品品質。

服務

　　服務態度——對客戶關心跟友善親切互動，不施壓購物環境，如金屬置物籃、陳列高度設計、符合女性貼心桌 90 ～ 100 公分。

　　店員推薦搭配——客戶選擇障礙，依據需求提供搭配顧問。

　　客製化改夾——免費改夾客製鍊長服務，提供耳環改夾、矽膠夾、金屬彈力耳夾。

　　預訂服務——遇到缺貨時提供預訂服務，到貨時間依據不同商品而定，不預先收取訂金。

　　售後維修退換貨——網路提供 7 天鑑賞期，門市 3 天之內，商品有瑕疵反應可免費退換貨。

　　客服——門市買到網路詢問，客服即時回應提供完整解答問題，有具體服務 SOP 條例。

　　男友座——門市提供男友座，陪女友逛街之餘可以坐下休息，可

提高品牌服務形象。

✐ 形象

品牌形象——保有創立品牌的自我初衷，明亮、輕鬆色調為主，加一些繽紛彩色讓人好親近、無距離感的品牌。

飾品配件職人——跟客人保持 5 公分的距離，跟客人親近沒有距離的品牌，追求成為客人想詢問的穿搭顧問。

商品——款式獨特化，走出店面絕對買不到，有 40％款式是自創設計，走出去在其他地方買不到，這 4 成自創款式還有獨特的識別鍊，提升品牌形象獨特性。商品多樣化且精緻，同時存在店面的 SKU 數高達 4 千款，進店面絕對能挑到自己喜歡的樣式，門市一周進 60 款新品、一年有 3,000 款新品，每年更規畫不同主題設計，包含各種系列主題。

店員——親切、無敵意，店員形象不給人壓力，盡量避免妝感太濃、風格冶豔，而是給人如同姊妹般的關係。

✐ 真我

命定的物——多樣化商品中找到屬於自己的命定物，例如客戶人生階段遭遇各種困難、里程碑，生活遇到桃花、避小人、升官，各種人生命定的狀態，透過紅線象徵牽姻緣、高跟鞋踩小人，讓消費者賦與商品創造人與物命定價值。

作自己——多樣化款式當中，找到最真實的自我，風格由自己定義，穿搭法有清新、甜美、個性、搖滾、酷帥，客人有各種自己的特別風格，各風格客人到 VACANZA 都可以作自己，挑選到屬於自己形象的飾品。

有溫度——店員幫忙顧客搭配配戴、幫客戶拿飲料提袋、下雨給客戶愛心傘、幫客戶 Google 找附近店家，從服務各環節堆疊 VACANZA 品牌傳遞給客人的真實溫度。

品牌獨有能耐：品質、服務雙核心，自創設計堆疊競爭力

　　身為領導品牌，徐亦知說在夜市、批發店都能看到 VACANZA「被致敬」的身影，商品款式、背卡抄襲不打緊，連 VACANZA 行銷照片都能被貼在他牌的攤車，寫著專屬「VACANZA 款」。更不用說員工在韓國還聽到上游批發廠說「你要找哪一款？這款 VACANZA 他們賣很好，你們可以批這款啦……」。

　　正因飾品產業，只要有設計圖就能開模製造，所以「款式容易抄襲」、「抄襲再來砍低價賣」成為業界常態。為了培養其他競品抄不走的品牌能耐，徐亦知決定從「品質門檻」、「自創款式」兩大方向，拉開 VACANZA 與其他對手的距離。

　　所謂墊高品質門檻，由於 VACANZA 做到一定數量規模，「量大」的優勢在於先支付開模費、打樣費。上游廠商通常一款貨一色就是數十打起跳，由於量夠大可以跟廠商要求品管更多細節，如果是小賣家一次只進貨少量，沒有話語權要求廠商。也因為 VACANZA 的規模，可以做到「貨還沒賣就先檢驗」，也就是在工廠端有第一道品檢，主動派人去監控上游廠商的品質。

　　貨進到台灣後，VACANZA 內部自己有品管團隊，針對飾品的電鍍面料、耳針瑕疵，人工一個一個分裝檢驗，執行第二道檢驗篩選。等到客戶下單出貨前，會再檢查一次做到第三道檢驗關卡。VACANZA 之所以對品質如此重視，就因聽到業界不少劣等品質，造成消費者皮膚過敏、潰爛的事例。也因他們自己過去遇到具體案例，他們對品質的把關才更小心，VACANZA 現在每批貨，一定會自主隨機抽樣送 SGS。

　　「市面上很多賣一兩百塊，號稱純銀的商品，其實很多都是假貨。以前我們就遇過，跟廠商訂製的耳針，只有表面純銀，底部是其他合金，內外材質不一，是無法用肉眼看出來。直到貨賣出去半年後，愈來愈多客人反應問題，我們一查才知道，原來內部有三分之一不是純銀，這種東西要戴到一定程度才會發現問題。一開始還覺得是客戶搞

不懂，我們做中學才知道，原來全球性廠商對材質認知也不一。有些號稱 925 純銀，但特殊造型轉折硬度要強一點，可能只維持在 90％純銀。我們學到一課，後來跟廠商溝通認知上，我們就會更謹慎拿去檢驗，對品質環節更加小心。」

市面上賣 50、100 塊飾品號稱有 925 純銀，很多都只是表面薄薄一層 3％是鍍銀，對流行飾品小品牌而言，其實是沒有資源、成本去檢驗，更不用說小攤車規模，可能連供應商來源是誰都不清楚，不可能做到還未販售就花錢檢驗把關品質。正因為有店面，VACANZA 也曾遇過消費者買了半年，因為材質狀況，直接換貨給消費者。

趙宇葶自己平常也會穿戴飾品，她說既然 VACANZA 的品牌核心其中一項是「真我」，那就代表是對消費者非常有意義的命定物品，因此絕對不是罔顧品質的廉價小物。VACANZA 正因為對品管嚴控，也曾面臨整批貨品質不及格，換供應商、下架不賣的賠錢生意。他們對品質控管的堅持，現在定價策略，反而與業態走向另一條路，是冒險但也是 VACANZA 勝出的優勢之一。

VACANZA 另一品牌能耐，展現在自主開發設計能量。今年目標把旗下商品的自主設計比例抬升到 6 成以上。夜市攤車起家，他們以前要追著廠商拜託生產，現在有品牌聲量，反而是廠商拿著設計飾品來談合作。徐亦知對這個改變最有感觸，「以前是我們去求別人，現在我們可以去要求廠商：材質怎麼改、樣式怎麼調。必須當到產業龍頭，才更有力量制訂產業標準、喊價能力。」

VACANZA 早期吃過閉門羹，廠商交貨產品跟原本訂貨不同款，廠商不給換，還把滯銷品塞給他們。另一方面，飾品不像電子 ICT（資訊與通信科技 Information and Communication Technology，簡稱 ICT）），想抄襲其他新品，可能還需要一段時間測試、驗證，飾品沒有太艱難技術，打個版很快樣品就出來。VACANZA 就曾遇過自己設計的新品，還沒開始賣就看到市面的抄襲款，明顯是上游廠商偷外流給競爭對手。

現在，VACANZA 廠商固定配合達 10 多家；訂製配合過的供應源

頭,更超過上百家,代表他們不怕斷貨,又能依據廠商擅長打樣項目,加快生產流程。供應鏈結更紮實後,自屬開發設計比重提高,在飾品的流行元素、獨特材質、細緻品質,做到客製化生產線運作。「從以前擺攤到現在有店面品牌,我們愈清楚知道自己要什麼,我們在品質、材質更努力。別人抄襲拿去打版一模一樣,但這個『一樣』在我們的眼裡其實『不一樣』。」徐亦知說。

Chapter 4
「VACANZA」凱爺品牌顧問輔導室

　　我回想第一次遇到亦知，是在一個電商老闆的聚會，然後這個年輕人很低調，我記得見到他戴一個毛帽，然後有一點鬍渣，有一點像日本大男孩感覺，然後又有一點點頹廢性格，他講話不太大聲、很客氣，一開始覺得他很有趣，因為他不太張揚。可能也因為他年紀滿輕的，後來我才知道他其實在台灣流行飾品界是一個滿知名品牌。

　　他的個性低調而且內斂，所以有很多事情的討論，感覺比較像他活在自己的小宇宙，那也因為經過認識比較久時間，才更認識到說這個人以及品牌的情況。我必須承認，走進他每一家飾品店，我都覺得很閃亮而且驚豔，因為大概很少看到在雨天或者是上班平日，一家單店還有這麼高來客數的小店。所以我一開始對 VACANZA 的感覺就很特別，覺得這家店漂漂亮亮、光鮮亮麗，生意也很好，心想應該是一個滿不錯的團隊在營運品牌。

年輕老闆帶年輕團隊，缺乏品牌全年行銷規畫

　　實際上當我去接觸 VACANZA 後才發現，他跟很多品牌在發展初期的軌跡很相似，也就是這個品牌對品質的要求，非常高標準。像是純銀或者是 SGS 類似的檢測、工廠的控管，我認為這些事情背後的意涵，只要你希望把一個品牌長期做好，這都是一個固定要有的投入，以及建立品牌的關鍵門檻。

　　在初期接觸這家公司的時候，比較讓我吃驚的應該是，VACANZA 是一個相當年輕的品牌，但是可能也因為老闆很年輕，所以對於一些品牌既有所謂的行銷，或者是一些相關操作，乃自於媒體

或是異業，這些廣宣操作觀念普遍欠缺。

那當然行銷團隊同仁都非常年輕，也相對代表他們可能在操作這一些流行品的行銷經驗比較不足，這也成為做品牌系統輔導的一個起因。也就是其實我帶領著這一些年輕同仁的行銷團隊，甚至是全公司都很年輕的成員，去透過建立品牌白皮書，也就是品牌系統，一步一腳印把品牌共識建立起來。

盤點旗下門市，門店各異風格成 IG 熱門景點

除了對商品品質要求之外，我覺得 VACANZA 的門市形象也是一個值得拿來討論的小故事。其實大部分人在經營店的時候，都會希望所有連鎖店都是長同一個樣子，因為對客人來說會比較有記憶點。可是 VACANZA 反而在一開始，亦知就認為，每一家店都要因所在的位置、周邊商圈，以及門店面對客人的屬性，而進行不同的設計風格。乃至於透過這樣風格獨創，每一家品牌店，似乎都成為一個熱點，一個 IG 景點打卡的指標。我覺得這當然是他在品牌形象規畫策略，一個很令人印象深刻的決策。

另外我覺得在消費者概念，應該很難去想像，這樣子的一家店，到底有多少款飾品。就我們在導入品牌行銷的同時，我當然也給予一些營運的建議，盤點算是我們在進行這個過程，一個比較大的里程碑。透過門市的盤點，我們發現了很多驚人的事情，譬如說，其實 VACANZA 現在一家單店裡面擁有 SKU 數大約有 3,000～5,000 個，所以從某個角度來說，每一個客人進來這個店裡面時候，不太可能看的完所有的商品。也就會變成塑造天天好像都有新鮮貨的感覺，那當然連帶提升 VACANZA 的來客數、來客頻率及客單價。

這件事情也成就 VACANZA 的市場地位，款式多，進來永遠可以找到你想要的樣子，而且是跟你夢想的樣子相差無幾。而 VACANZA 也在其他面向展現競爭力，譬如說，在這麼多款式裡，拿廠商的現貨

來操作，他會比較省力，但是他們卻希望在這幾年，拉高到 40％ 自己設計率，甚至往上提升到 60％。這會是一個業界裡面，高度的一個競爭者進入門檻。也就是所有的客人進到 VACANZA 門市，基本上可以想像你買到的款式設計都會是獨一無二。

地攤貨起家卻持續進步，櫃位高、男友座隱形的服務厚度

　　VACANZA 另外一個品牌獨特之處，消費者永遠不用擔心品質，因為老闆娘宇荐會親自去試戴、試用。如果商品是純銀的，都會去經過檢測，這些流程都在在證明一件事情，創辦人雖然從地攤貨出身，可是卻不以地攤貨自居。這件事情，連帶成就了一個從路邊攤的一個名字，做到一個產業的品牌，甚至未來有沒有可能成為台灣的一個飾品大牌，就是他們接下來肯定要努力的範圍。

　　然後，另外一個點應該是說，我覺得他們對女性市場貼心的服務。這個服務不僅僅只是一個虛幻，微笑面對客人、噓寒問暖而已，我覺得很多具體的模式，VACANZA 都下很足夠的工夫。譬如說，他們可以提供無論你想怎麼改夾都可以改，而且免費的服務。不論有沒有耳洞、會不會過敏，基本上，只要你喜歡那個式樣，大概在 VACANZA 都可以為你穿戴上去。

　　另外還有一個是一般消費者比較不知道的細節，就是 VACANZA 針對台灣平均女性身高，調整所有門市櫃位的高度。這個部分，會讓所有進來的消費者，願意在店內待的時間更久。縱使空間比較小有點擠，因為每家店都很多人，但 VACANZA 並不以交易為優先選擇，反而希望創造一個客人來，沒有壓力的氛圍。所以他們不會緊迫盯人的行銷；保持親近的距離不壓迫。

　　然後也連帶同步要求 VACANZA 的門市人員外型挑選，是親切而非冷豔；是溫和而非強壓。這些東西延伸到 VACANZA 希望給客人是一段美好的消費旅程。而他們也不太會去預收客人的錢，更也不太希

望客人的男朋友在外面苦苦等待，所以也很早就採用所謂「男友座」這個貼心的服務。

不單單只為買物，買一段生命歷程的紀念

　　VACANZA 的品牌核心，連帶發展出去的理性跟感性思考是什麼？我們的確從很多的角度去思考，一個飾品其實賣理性的成分並不多，因為它不是一個必需品。就像 VACANZA 標語講的「VACANZA not a accessory but necessary」（VACANZA 不僅是裝飾品更是必需品）雖然我們明知道它不是一個必需品，可是我們卻希望它是一個，在每個人生命裡面的所需，所以 Slogan（標語）很好玩，它不只是飾品，還是生活所需。

　　那我們反過來思考這件事情，從理性角度來看，它不是生活所需，但為什麼在感性面，可以變成一個生活所需？我覺得在感性的角度，可以看到的是，從小小物件裡，看到它對消費者大大的意義。在很多女性朋友的生命階段，她們會在每一個生命的里程碑，去選擇一個貼心的小物，作為這件事情的紀念；無論是針對愛情、親情，還是友情，都可以在此出發點，發現這樣子的紀念意義。

　　那紀念至關重要，相對來說，能夠陪伴她們一生長久的商品品質，就很重要了。能夠陪伴她們長長久久，陪伴她們度過喜怒哀樂，那購物時的服務態度，也很重要。所以回歸到一件事情，VACANZA 並不虛假去操作品牌的意念，而是從另外一個角度去思考，消費者與 VACANZA 中間，最真實的那個自我是什麼？所以 VACANZA 反而很希望，所有的客人，能夠在店裡面成就她們自我的風格，讓她們開心作自己。

　　也就是，無論是人生的喜怒哀樂，是分手還是在一起；是結婚還是離婚；是升官還是發財；是離職還是找到新工作，VACANZA 其實在每一個飾品裡，放入的意義其實可以很多，對客人而言那有更重要

的象徵意義。也就是這個品牌為什麼叫 VACANZA，假期國際，意味人生是一段旅程，無論你到了哪一站，VACANZA 都可以成為你生命中的需要，而不單單只是配件而已。

那從感性的成分角度去看，也就是究竟一個小飾品可以為客人帶來什麼呢？品牌共識過程發現，為女孩帶來自信；帶來一些對自己的期望，甚至有一點點的炫耀，有一點點的不甘如此。所以這件事情其實連帶對 VACANZA 的客人來說，它能夠表達自己價值的空間更大。這些表達的空間或許有的很暗黑，譬如說就是想在姊妹淘裡面脫穎而出；就是想要成為眾人的目光；就是想要上班，甚至倒垃圾都要讓人覺得我很漂亮，要受到別人注目的那個人。

品牌系統的煉金師，形塑有記憶點的品牌象徵

我認為自己在整個 VACANZA 品牌系統的角色，反而比較像提煉師，把很多他們做過這麼多的事情，分門別類以後，去提煉出這些規則，或者蒐羅行銷成功關鍵的因素，然後再讓這些過程持久，再進一步優化。所以我覺得，或許這樣的飾品品牌系統裡面的角色，我會說像是一個煉金師，把菁華東西淬煉出來後，成就一個有點像是聖經的紀錄，再傳承給下面的員工知道。而且是他們團隊聽得懂的語言，或是看得懂的表達的方式。

也就是在整個 VACANZA 品牌形塑的過程，我們在做的事情比較重要的是，把老闆原本腦海裡對品牌的概念想法，透過系統化的方式，呈現給新一代的或者所謂新生代的團隊瞭解。我覺得在整個過程裡面，我們其實並沒有針對整個品牌本質調整太多，像是從左邊整個改到右邊，或是說 a 選項全部推翻變成 b 選項。

對於品牌凝聚這件事，我比較印象深刻，應該是在創造品牌象徵過程，消費者感受的「五感」的聽覺。我們當初在擬定這個聽覺的時候，我們找到了一個很漂亮的關鍵聲音，是飾品放進門市小鐵桶裡面

的鏗啷聲音。而這件意象真的具體表現在門市裡面,以及後續媒體的採用,成為一個獨特屬於 VACANZA 的記憶點。這是我認為在整個品牌輔導過程,這項成果是令人欣慰的。

因為我們實際知道品牌起初是無形,所以成形之路勢必是長久,是漫長的。的確透過了一些方式,讓這件事情在自己的公司,甚至在消費者的心裡面,讓它快速的組裝,然後成為一個被記憶的 icon。所以這件事情,是我覺得整個輔導過程,滿值得紀念的一個位置。

產業標竿自己提升,品牌個性授權消費者決定

在飾品市場,雖然 VACANZA 起身路邊攤,然後成就於現在做的品牌店,甚至成為所謂台灣消費飾品市場裡的龍頭位置。不可否認會有非常多,也是從路邊攤起家的競爭對手,在急起直追。甚至直言不諱,就是透過模仿或抄襲來偷取你的營業額。

但若從品牌系統的角度來看,我認為 VACANZA 的操作邏輯,已經走出單純理性訴求範圍,也就是品牌培養的理性面,譬如說,品質、款式多元、C/P 值,這些項目 VACANZA 已經做到了一個高度,不太可能讓競品快速去複製,或是可以立刻被超越,就這件事倒是我不太擔心的。

那接下來問題是,最難超越的反而是自己。當自己建立標竿後,要如何再去突破其高度?也就是說,可能有幾個點是難的,例如:自有設計率 40％提升到 60％,相對來說,從一年 1,200 款式提升到一年 1,800 款,這件事情的成功與否,也會影響到品牌最終在市場上的競爭力。同時也是其他競爭者品牌,能不能模仿到這麼高的款式數,這件事情反而是 VACANZA 自我要求的提升。

另外,我不認為經過品牌形塑之後,就是品牌之路的結尾。反而我認為在商品、品質、服務甚至是形象都準備好的時候,這個品牌才正要開始做它的品牌之旅。譬如說,行銷團隊或行銷工具,甚至是行

銷手法的運用，這些經驗都是過往沒有操作過，那是不是能夠在這個短期之內有一定的成果，是我們也在觀察的。

然後再來繼續有一些傳統工具的使用，實體通路裡，舊傳統工具的處理，比如消費者活動、地推，或者是店頭這些 DM 發布、廣告投放這部分，我覺得他們也可以做。然後當然回到一些傳統行銷工具選擇，比如媒體公關操作、異業結盟結合、O2O（Online to offline 虛實整合）的操盤，這些或許也會要繼續站穩飾品龍頭品牌，VACANZA 接下來要學習的課程。

那回歸另一個議題，在品牌系統的建立，這個品牌的個性到底是什麼？這是有趣的課題，因為這件事並不可能像創辦人，然後是不是像創辦人的老婆呢？我也不這樣認為。這似乎整個品牌的個性創造，我們並沒有定論。但這個定論到底會有多大的影響？或者是好是壞？我也沒有定奪。因為我覺得，其實 VACANZA 的個性，或許從頭到尾都是成就消費者自己的個性。在假期的氛圍裡面，或者是在一段旅程，我們把品牌個性的決定權還給消費者決定。

從而也希望能夠在消費者的腦袋去思考一件事，VACANZA 在你腦海裡的形象，或許她感受到的可能是具體的，或許有可能感受到的是虛擬氛圍創造，也就是一種，能夠讓你享受在假期過程的放鬆。能夠安心做自己，甚至能夠表達獨有態度的一個空間，所以這大概是 VACANZA 品牌系統形塑的個性。

年輕團隊創意腦，做中學快速展現行銷佳績

我覺得 VACANZA 作為一個年輕人組成的品牌，在品牌共識建立，也多半能夠比一些傳統企業更有新意，也更為趣味。所以在我們討論品牌核心時候，其實我們聽到很多好玩的觀點。這些觀點都與其他別的品牌，或傳統類型的品牌相較之下有非常不同的創意。

針對品牌系統輔導過程，幾個比較讓我印象深刻的調整，我們可以談談。團隊像一張白紙需要培訓，這個情況有好有壞，當然壞處就

是沒有既有的經驗，所以往往花比較多的時間培育他們。但好處就是，因為沒有包袱，遇到積極或者是有心學習的孩子，就很容易創造出小小的創新改變。

有幾個點可以觀察 VACANZA 的年輕團隊，第一個是，我們在溝通整個品牌系統的時候，其實我們聽到的意見，聽到對品牌的建議，甚至期望、認知、認同，都多於其他品牌，平均提出來的建議數，是別人的兩三倍。也就是他們非常鉅細靡遺把這個品牌，從頭到尾都拋光一遍。無關對錯，實際上看出他們努力的痕跡。而整個品牌系統定調速度是快的，共識的建立也是令人感動的。

第二，品牌系統討論之後，又花了一點時間確認全年行銷檔期規畫。在這個團隊裡，沒有人曾做過這類活動，可是我卻收到很多有創意的活動。可以看到他們真的有換位思考，成為消費者角度來看 VACANZA 的行銷。所以實際操作幾個非常不錯的行銷案，例如他們在年初 Q1（第一季）的時候，做了幾個送樂高積木首飾盒及麋鹿造形的掛飾，這個部分都為 VACANZA 帶來了不同於以往的行銷活動的成果。結果其實是不錯，相對來說，我們也認為這樣的走向，其實也滿符合 VACANZA 未來之後的策略取向。

第三個，我覺得團隊裡面，因年輕沒有包袱的情況，他們調整速度的確是快的。也就是我們每一個月，甚至每一周，我們在回顧上週相關銷售或行銷觸及數據的時候，其實他們慢慢自己心裡有感覺。他們會知道，這樣子的數據，其實可以讓它更好的方法有什麼？要調整的部分可以用什麼？所以我覺得其實在整個團隊的建置，我並不會覺得一個年齡層較低的行銷團隊，會有什麼絕對的壞處。這件事我覺得回過頭來，這樣子輔導過程，其實也讓我們看到，這個品牌未來發展的潛力。

創辦夫妻各出心力，激烈溝通磨出品牌新樣貌

在整個品牌系統輔導過程，我觀察亦知跟宇葶互動，我的角度來看其實很有趣。

我覺得亦知本身不是一個感性的人，所以他在做品牌的時候，通常他的品牌理念取決於很多理性的選擇。理性的選擇看起來很主觀，像是很漂亮的形象店、氛圍的創造、商品的採購或代換。我覺得這些東西都在表達，這個人的確是創業家。他很理性，而他願意為了感性、主觀或美的事情，從頭學習紮實的基本功。很多時候，亦知出國到日本、韓國、香港、歐洲，他會拍非常非常多照片回來學習，或許他不是天生美感，但他是一個後天很願意學習的一個實業家代表。

　　那我覺得宇葶就是另外一個性格，從某個角度她其實就是呈現客人實際的想法，而且是有性格的客人代表。她喜歡的東西跟別人不一樣，但是仍願意為了市場，在採購的時候，會以市場考量為主。這件事情也是身為一個企業的高階，她必須有的一些心態調整。那在品牌系統過程，宇葶參與更為投入，一來她是女生也是客人年齡代表，二來，她一手陪著亦知操盤品牌這麼久，所以我覺得在品牌塑造，她感性跟投入的認真度是有目共睹。

　　我的身分在這個過程，我有時候成為一種，夫妻創辦人試煉場的第三者。他們兩個在我面前嘶咬對方的畫面是有趣，因為年輕，他們多半不會有包袱，他們在表達意見的時候很直接，有的時候可能一言不合就衝起來。或許是一種比較激烈的溝通，但終究不是吵架。我也很樂見到這樣子的情況，或許透過最真實的互動、溝通、話語，或許直接但資訊至少不會被誤解。

　　所以，從某個角度來說，VACANZA 的品牌系統也是經歷創業夫妻檔的歷程後，沉澱下來的成果，也是全公司品牌珍貴的資產。我認為建立他們創業的品牌共識，透過這樣子的模式，比如說每週針對不同課題面向讓夫妻，乃至於全團隊坐下來討論。或許品牌系統要的不是結果，因為品牌會改變，品牌會因為人事時地物不同變遷，所以成果不會是最終，可是這個品牌，另外一個看不到的收穫是過程。

　　也就是整個過程，對品牌有決定性定位的人，彼此建立一個接受的共識，乃至於共識建立後，會有一個共同努力奮鬥的方向。這可能遠比得到一本多厚的品牌白皮書，或多詳細的論述來說更重要。接下

來，我覺得從這個起點後，這個品牌要往哪裡走，攸關掌舵手自己的心性，因為選擇太多。

　　這樣一路看下來，不難發現，亦知是個非常有衝勁的創業人，所以品牌究竟要選擇深根台灣發展，還是選擇跨境？要選擇強化實體，還是你繼續強化虛擬通路？這些都會成為未來兩年最大的決策。而這個決策，也會攸關 VACANZA 品牌，未來三、五年甚至十年的發展。某個角度觀察，我認為剛好在這個時間做品牌系統，對 VACANZA 是最好的開始。

Chapter 5
凱爺：「VACANZA」繼續 ing

　　經營品牌，徐亦知說這是一段開始學習「當老闆」的旅程。經過品牌系統的調整，他重新思考 VACANZA 品牌定位，一邊經歷一邊回憶創業過往，突然意識到：「以前是靠自己力量做起來，但卻沒學到如何告訴員工該怎麼做！自己做都會，但要教別人很難！」他感受到，品牌有更系統定調，新員工加入馬上會知道什麼是 VACANZA 品牌核心、品牌象徵，今年度的行銷有什麼目標，員工知道為什麼去拚。

　　當年那個騎著機車，每天隨時忍受風吹雨淋的街頭小子，如今為了帶給消費者新感受，不斷砸重本，一再重新裝潢店面的億元品牌老闆。創業十多年來，徐亦知沒有因為業績的飆漲、鈔票的利誘而迷失方向，至今，他依然保持創業時初衷；依然把每一樣商品精心挑選後，才交付到消費者手上。

　　以前媒體曾出現七年級生是草莓族的嘲諷，徐亦知用成績與品牌，向上一代證明，七年級並非如此軟爛，反而用野草堅韌的生命力證明，擺地攤也能走出自己的一條路！

台灣電商模範生，三次事業起落再轉型「SHOPPING99」

每天清晨六點不到，叫醒創業人永遠最準時的，也許不是夢想，而是鬧鐘。耐德科技創辦人夫婦陳昶任（Delight）與彭思齊（Sharon）一如往常，起身簡單梳妝打理後，開始督促兩個還在讀小學的孩子吃早餐、目送他們上學。打理完孩子，夫妻倆馬上從「爸媽角色」，立刻切換成「創業身分」，翻看當天行程，有哪些主管會議要開、下個年度計畫要怎麼定、今天約了哪些廠商餐敘。

2016 年接近尾聲的這一天，他們沒急著趕往公司，而是連袂去領受「台灣第 39 屆創業楷模」，從副總統手上接過「創業楷模」與「創業相扶」兩項獎。一個創業家，一次拿一個獎已屬不易，更何況是兩座獎，而更令人讚嘆的是，他們是國內第一組以「網路購物平台」為創業題目的得主。

上台那一刻，夫妻恍惚間眼前似閃起一幕又一幕的景象。有人說：「天上一天；人間一年。」對他們而言，每一眨眼的片段，喀嚓喀嚓，刷過 6,000 多天曾一起笑一起哭的創業時光。

18 年，瀕臨三次站在失敗懸崖的大幅起落，因為信仰，幫他們度過難過；因為信仰，讓這對夫妻串起扶持緣分。會這麼說，因為他們的相遇實在很巧合！

陳昶任與 Sharon 兩人高中畢業升大學暑假時，各自參加教會營隊，時隔多年才意外發現，兩人小學一二年級就是同班同學。當時 Sharon 跨區就讀，小三轉回自己學區，彼此失聯長達近十年時光。

Chapter 1

創業血淚：窮人的原子彈，一紙 A4 兩年慘燒千萬資本

再次相遇，朋友笑稱他們根本是偶像劇情節，情緣從 7 歲就已經注定了！大學到研究所都學社工的 Sharon，根本沒想過創業，自己父親是商人，成長階段常見不到人，加上商場詭譎莫測，不安全感始終讓她對商業興趣缺缺。但沒想到，讀交大資科研究所的陳昶任卻立志想創業。這對夫妻研究所還沒畢業，就開始嘗試各種網路生意。當下，他們以為網路大盛世還會維持很久，迫不及待搭上「.com」列車。誰也沒料到，網路夢，泡沫潮爆裂一夕化烏有。

回憶 2000 年創業初始，其實有點陰錯陽差。Sharon 父親公司內部組小團隊，養了企畫、設計人員，當時開始接外面案子，幫別人架設網站，剛好陳昶任學資工會寫程式，慢慢接到一些專案見見世面。但是，創業動機更多是來自當下時局。「我們小時候就看很多很厲害的網路創業家，那時大家都覺得自己就是下個誰誰誰，當時有個口號『網路是窮人的原子彈』，覺得網路可以做很多事，每個人都覺得是下個楊致遠，就會 follow 他們的邏輯思考，找各種可能的服務或賣點切進去……」陳昶任口中的誰誰誰，除了有「網絡 1.0 時代的奠基者」之稱的雅虎 Yahoo! 創始人楊致遠，還有當時創辦「資迅人」（資迅人網路集團 pAsia），拿到 Intel 資金創造三億營收的賀元與薛曉嵐。

不僅國內一波波風口上來，當時在美國那斯達克 NASDAQ 掛牌上市的網路股更不斷吹捧，三天兩頭就有靠網路白手起家的例子持續報導。那股熱潮也燒到陳昶任心裡，腦子開始運轉：「何不把 BBS 做成 Web 形式？這樣更多人就會去用，就有流量，就可以賣廣告……」「學生媒體」商業模式在腦袋發芽。

把想法跟 Sharon 說了之後，沒想到雙邊的長輩大為鼓勵，被要求

寫了一張 A4 大小的商業計畫（Business Plan）。

從沒做過生意的他，覺得 1 千萬夠多了吧？剛好，Sharon 某個阿姨，當了好多年小創投，一看到他們的商業計畫，就說：「沒有一百萬美金，沒有辦法撐起一家公司啦！」幾位有興趣投資的長輩親友組成股東，東拼西湊出 3 千萬台幣，第一筆資本額就這樣誕生。

Sharon 回憶：「我們那時候小孩子根本不懂，覺得錢好多，我們真的是很幸運，也真的不懂事，花了長輩很多學費……」

湊足千萬資本，原本小團隊窩在 Sharon 爸爸的辦公室一角，說時遲那時快，辦公樓下別的樓層某家公司因淘空案，被查封要轉租，突然平空冒出一間裝潢、家具雙全的好地點。這對情侶，宛如幸運之神照顧，有人、有錢、有地，馬上二話不說開始找營業項目。

還在求學的兩人，24 歲，馬上把網路生意與校園串在一起——網站轉址服務，做過；引進大頭貼機到校園的公關活動，做過；幫候選人操作口碑的網站架設，做過；政府標案，做過；客製 ERP 企業資訊軟體，做過；遊戲公關操作，也做過。十多種商業模式試了又試，兩人幾乎傾全力，連碩士論文都快顧不了。當時陳昶任發揮寫程式技能，Sharon 扮演業務角色，拜訪一家一家企業賣系統，跟客戶談專案十萬、二十萬、五十萬。

「就是什麼都做，想辦法讓自己活下去。」現在回頭看當年的創業情境，陳昶任意識到，原來他們高估了網路熱潮。1995 年 Windows 95 出現，網路人口才剛起步，Windows 98 一路到 2000 年是快速成長期，他們 2000 年 4 月才要起步，沒想到 12 月馬上遇到 NASDAQ 崩盤。

短短八個月，他們其實已經踩在網路機會的風尾，根本還沒享用到紅利，馬上就跌回地面。陳昶任說：「那八個月我們很努力做很多東西，但後來就像過街老鼠，大家覺得網路業好可憐啊，倒風一片，整個網路產業哀鴻遍野……」一時之間，原本信誓旦旦要在 NASDAQ 上市，市值喊得轟轟烈烈的各路網路人馬，轉眼間突然銷聲匿跡。

一堂三千萬的課，才意識到創業不是兒戲！

不誇張，他們短短 2 年，整整燒光 3 千萬。當時一個月固定管銷就要 80 ～ 100 萬，十多人的薪資、辦公室租金、硬體設備、廣告費用，加上網路頻寬以前非常貴，沒用多少流量一個月有時上看三、五十萬。加加減減，創業資金眼看就要見底，「老實講，那時候有點好高騖遠，小時候傻傻的真的不懂，沒有危機意識！」說不慌是騙人的，心裡的焦急之外，更有著同儕的壓力。陳昶任交大的同學們，畢業後幾乎全進竹科，在台積電、聯電都快可以開同學會了，當時電子業跟網路業是截然不同景象。當年台灣 IC 代工正夯，工程師被視為電子新貴，一年年薪少說都有千萬。別人年賺千萬，他們年燒千萬。

創業未果，連碩士文憑都還沒拿到，小倆口僅有的，就是一股冒險的衝勁。當時 Sharon 的小舅在家族跳出來扮黑臉，嚴厲對陳昶任說：「畢業去竹科工作可以拿很好的薪水，為什麼人生要浪費在這件事情？我再投你 3 百萬，六個月內沒賺錢，收掉，回去上班還債不要廢話！」一席話，猶如醍醐灌頂，讓他們意識到，創業不是兒戲。接下來的每個月，仔仔細細算現金流，拿損益表給長輩一項一項檢視，到底營運問題出在哪？

好不容易，試了各種玩法，終於在 SHOPPING99 項目，第一個月就有獲利賺到十萬多元。經歷多次屢戰屢敗，陳昶任心想，終於找到一個可行的創業模式了，跑去跟父親分享，沒想到卻換來一桶冷水。

「我爸就跟我講兩件事，第一，所有的股東當中，他投最多錢，但覺得自己不是最虧，因為他花了一堂三千萬的課在我們身上，那時候聽完眼淚都快飆出來。他覺得其他股東都虧到，只有他沒虧，他很樂觀看這件事。第二件事，人一生當中最重要就是信用，什麼東西倒了都可以再起來，信用倒了很難再起來。他跟我說，他手頭還可以拿房子貸款三百萬，讓我去資遣員工，他覺得員工好聚好散，該給人家就給人家，那是一輩子的問題。創業是一時的，但你不能被這件事打敗，你必須讓你的誠信維持。」

因為老爸一句：「爸爸還有能力貸款三百萬出來，你要繼續嗎？」讓他認真思考到底要再凹下去？還是設停損？再跟它賭最後一次？還是聽親戚的話，乾脆去找工作比較實際？該進該退？

回想起當時的一念之間，一個選擇可能就走上截然不同的人生道路，陳昶任坦言：「這件事到現在想起來，還是會覺得毛毛的，其實我們自己也不曉得到底能不能撐下去！」

攤開 SHOPPING99 一開始的成本營收結構，學財務的陳爸爸發揮專長，掐指一算，馬上告知三百萬不夠撐六個月，一個商業模型成功與否，最少也要半年驗證，「他說：『如果你能找到另外的三百萬，我就把這三百萬一起丟進去，讓你再撐六個月。』」早先燒光三千萬，想當然爾其他股東早也沒有餘力可以再拿錢出來投資。

當時兩人一籌莫展，失意困頓之際，他們習慣去教會，對神禱告，聆聽祂的旨意。這件事說起來也真的神奇，某一天兩人躲在教堂後方，聽著一位來自印度的牧師禱告，雙方從來不認識，第一次見面，對方竟然對他們說：「你們不要放棄，繼續堅持，最後會有兩群人來幫你們……」牧師口中的兩群人，最後就是來自兩個家庭各 300 萬的資金挹注，一邊來自昶任的爸爸，另一方是來自 Sharon 小舅的幫忙。

再增資的 600 萬，成為他們在海中載浮載沉的救命圈，說也奇妙，後來的命運發展一如牧師預言，逃過新創前五年的詛咒，從 2002 年的 8 月之後，SHOPPING99 業績真的一路攀升，成為他們創業的最大轉捩點。

找對商模站穩腳，貿然西進第二次險翻船

2007 年，看準中國網購市場的龐大商機，SHOPPING99 將強力主將派往對岸。但當時做了最大的誤判，就是不夠接地氣，把中國市場局勢簡單看成台灣的放大版。不熟悉中國大陸走的是 Intranet 內部網，跟台灣做電商生意的思維完全不同，沿用台灣過去經驗做全新市場生

意。頭都洗下去了，才發現，光是廣告分潤的思維就不同，台灣習慣先有獲利再求規模，但中國全然相反，先不管廣告分潤是否賺錢，先圈地擴大市占規模再說。

「我們不太會唬爛、不會講大話，光思維上我們狼性就不夠。很多投資者一直說服我們，要我們圈大餅，A 輪、B 輪大資金持續燒，走那套規模經濟，但這跟我們企業 DNA 是衝突的……」

除了思維上的差距，具體作法，他們更是下錯一步棋。以為到新市場，一定要先建倉庫，但後來從財務報表的數字面發現，「業務先行，維運在後」才是硬道理，應該先在當地把業績做好，派業務部隊先空降襲擊，估算市場玩得起來後，接著才是建立後續一塊一塊的維運。

但這還不是 SHOPPING99 最慘情況，除了外憂，更有內患！那時台灣其他平台開始冒出夾殺，一時之間四面楚歌、腹背受敵。

「我們商品數成長到一個階段後，選擇多品項少樣數策略，但這卻增加物流管理成本非常多，就整個讓公司的毛利往下走。當時養的人多，力量卻分散，開始造成虧損，只好趕緊調兵遣將回台灣。」

內外交困之時，自評現有資源幾乎難打另一場戰，只好把重心全部再押回台灣。盡快將團隊整頓好，夫妻倆一邊進修管理顧問課程，學習看商業模型；學習優先做對的事。於是，SHOPPING99 開始篩選熱賣品，大量滯銷品項全砍光。

「後來回台灣趕快整理，用最小的方法，持續活下去。」一趟中國經驗，讓公司第二次差點陰溝翻船。西進第一筆資金撒下去，加上設備、團隊各種間接成本，短短一年，他們幾乎把過去幾年累積的本金再一次賠光。365 天燒光 5 千萬，換得一次海外眼界，只是這次經驗，貴得嚇人！若沒有夠大顆心臟，每天要怎麼入眠都是一件難事。

醫美財連根拔起，連續裁罰近千萬

從中國鎩羽而歸後，陳昶任與 Sharon 面臨如何收拾台灣殘局。除了優化商品策略，在團隊管理方面更下足苦心。「那時很苦啊，一直忙得團團轉，很多時候都在借錢、還錢、周轉！」因為台灣生意節節敗退，淨值變少導致不斷做賠本生意，連帶讓資本額往下掉，想要跟銀行借錢更是難事。公司 70 多人的員工，每個月等著老闆發薪資，如果手上沒有足夠現金，還真的隨時有斷炊風險。

為了斷尾求生、痛定思痛，2008 年開始改變公司的運作模式，轉型路很難，但不能不做。

一家企業要轉型重生，絕對不是兩位創辦人登高一呼就能無痛改革，有時更牽涉員工的做事習慣、各部門本位主義的舊思維，在在讓公司像一艘船，表面平靜無風無雨，但私下卻是暗潮洶湧。各種牽制、抗衡的職場政治學，換來的結果是員工數直接砍半，從 70 多人離職到 30 幾人，而且幾乎是換了新的一批員工。

「大家（員工）覺得這樣就很好，幹嘛要改變？大家會抗拒，親自下去帶改變就造成異動。那時才開始知道要認真把管理這件事做好，以前想法，我交給你（主管）這塊，你就自己做，後來發現管理是要全面。我到後期才知道，商業模型跟後面的管理是一整套搭配的，是一個循環，要不斷修正。」

眼看自己在企業管理上的不足，陳昶任與 Sharon 趕緊惡補陳宗賢教授的管理課程，「2009 年去上課，第一年還真的聽不太懂，到第二年還只懂一半，開始學習導用覺得有效，到第三年後就持續上好幾年。」歷兩年多的調整，到 2011 年，管理的成效終於在營業額顯現，一年營收上看 2 億，總算回到早先幾年的水準。

對 SHOPPING99 而言，「五年」彷彿就像個詛咒，逼著創業老闆不斷越級打怪。2002 年第一次資金燒光；2007 年西進中國失利；2012 年，是公司第三次幾乎快倒下的挑戰。但這次不是商業模式錯誤；不是海外市場失利，最大的敵人卻是來自——政府。

當年因醫事環境嚴峻，愈來愈多醫生轉戰醫美，一時之間，「內外婦兒四大皆空」的恐嚇口號流傳各媒體。當時 SHOPPING99 有一半的業績全來自「醫美券」，包含各種雷射、電波拉皮等非侵入式的微整形方案，一檔一檔賣，當時生意最好盛況，全台配合的診所高達一兩百家；一個月醫美券 1～2 萬張客戶數賣。

為了禁止醫美產業發展，政府最快的方式就是裁罰業者，2012 年 1 月 1 號起，一個行政命令下來，禁止全台業者不准販售經營與醫美相關業務。

「政府說拔就拔，2012 年開始 6 個月內，我們連續被裁處 4 次，累計罰到 900 多萬。我們用法律去解釋跟上訴，我照公文要求改名稱，改完又再罰，罰不同角度，（政府）就是要罰到你關，不讓你在這個領域做。你問他罰的依據是什麼，他就搬一個法條出來……」

事實上，SHOPPING99 開始賣醫美券之前，就申請好醫療器材執照，那張執照到今日還有效。業者想辦法從合法角度切入經營事業，但公文總是能用各種名義開罰。「他們舉一條法律，說醫療不能廣告，他們解釋團購＝便宜＝廣告，我問什麼叫團購？後來我們把團購字眼從網路去除，但下一波就罰其他的項目。」光 2012 年，陳昶任手頭上最高紀錄有 4 張罰單，6 個法庭，從訴願、行政訴訟、地院高院一路打上去，可以說每個月都在跑法院。

正因為 SHOPPING99 醫美券賣得好，其他業界被罰一兩次就摸摸鼻子收掉不做了，但這個生意卻占 SHOPPING99 的一半營業額。「沒有這個收入就會死，當時真的很痛，6 月底確認玩不下去，我告訴團隊，我不會裁掉你們，你們要繼續努力做其他東西！」

自知民不與官鬥，2012 年 7 月，公司營收果真直接對半砍。加上前半年近千萬的罰金，以及風聲傳出後醫美業績不斷往下掉，導致現金流開始出問題。當時每天陳昶任都在苦思，去哪裡轉錢求一絲的生存機會，不斷轉錢、搬錢，試了各種辦法，直到年底終於才把問題解決。

面對三次公司的大起大落，每一回都在學經驗，學如何讓公司不

輕易倒下。

　　回想還在學生年紀就要創業的心態，陳昶任坦承了：「老實講，那時候有點好高騖遠，小時候傻傻的真的不懂。」

　　評估當時的年紀與見識，他們有兩大弱點，其一，「欠缺創業思維與經驗」，雙方家庭都來自中產階級，自幼到創業過程，某種程度是衣食無缺的環境下成長，這也導致「對錢沒有太大感覺」，直到創業快把錢燒到見底，發現快發不出薪水時，才突然有危機意識的感覺。

　　創業前兩年，當時少年得意、壯志凌雲，總覺得應該還有機會吧！

　　第二個弱點是，「創業之前沒有工作過，也沒有賺錢過。」沒有工作經驗、沒有對金錢賺取有強烈渴望，加上兩人都是基督徒，信仰過程無形強化有衣有食便知足。「對吃、對買沒有太大欲望，沒有欲望就沒有賺錢的渴望，沒有渴望，就不會急著想破頭要賺錢，那是我們很大劣勢！」對商業模型的錯誤判斷；對創業賺錢的理想思維，著實讓他們深深跌跤三次，而每一次都攸關生死。

Chapter 2

企業實戰：夫妻齊心可斷金，身材如事業起落

俗話說：「夫妻本是同林鳥，大難來時各自飛。」但陳昶任與 Sharon，從 2000 年創業至今 18 年，經歷三回大起大落的企業生死關，在外人眼中可說是夫妻創業的學習楷模，更獲得國家「創業相扶」獎項認證。從國小相遇、大學交往、研究所創業、交往八年結婚，到兩個小孩相繼出世。

這一對夫妻很誠實，「我們到現在還是會吵，每一對夫妻創業不可能不吵。因為相處很久，有個默契，再怎麼樣都不要講到離婚！」Sharon 說，兩人生活工作中當然還是常常會拌嘴，Sharon 笑稱：「我很知道怎麼把他惹毛，不爽時候，我講那些話，他會氣到爆炸。」陳昶任點頭稱是，並補上一句：「她很會刺我啊！」

問及那些話最會惹怒他？Sharon 想了想，「男生就是愛面子、要尊重……」這時，陳昶任來了一記回馬槍：「是嗎？你常沒給我面子啊！」兩人日常拌嘴的可愛互動表露無遺。

小情侶一起創業，絕非像童話故事的王子公主那樣夢幻甜蜜，因為分別拿了兩家人的錢，又還沒結婚，創業的苦、相處的磨，早先幾年 Sharon 很多時候內心小劇場，天天上演許多情境劇。「創業前面三年處於一種，再這樣下去就想不要繼續好了，我覺得很累。那時候還不成熟，常常吵架不知道怎麼排解，常常覺得不應該再下去，小時候真的會想有沒有其他退路，是不是不應該嫁！」

那當年是什麼原因，讓她願意點頭嫁人？

兩人頓時彷彿回到 18 年前的小情侶，唇槍舌戰一來一往，看他們互動比看八點檔還精采。甚至一想到當年為了結婚，還爆出陳年的減肥趣事，但被要求瘦身的不是新娘，而是準新郎！

「當時為何願意嫁給他？」

陳昶任毫不猶豫的說：「是真愛。」

Sharon 想了想，「我好像是 28 歲結婚。」

陳昶任回問她：「擔心嫁不掉嗎？」

「沒有好嗎，我不擔心這事！」Sharon 跟我說：「他那時候很無聊，大概每天都會問，ㄟ你要不要嫁給我，我就說：『你煩不煩啊你。』我就說我還沒想好，因為嫁了就不能反悔，這件事要很慎重。有一天，我就想好像差不多了，就跟他說：『好啊來討論，明年來結婚。』他就楞住了，他就說：『真的假的？』」

「那時就終於等到了。」陳昶任說。

「但那時候他很胖，快 109 公斤，結婚前我媽就給他一個保單，沒想到那張保單竟然被保險公司拒保，我媽就瘋了！」Sharon 說。

陳昶任訥訥的說：「覺得很丟臉。」

「我媽就問我，你確定要嫁給他嗎？那麼年輕就被拒保。」

陳昶任補充：「那時我爸很生氣，放話說，如果你沒瘦到幾公斤，我就不參加你的婚禮。」

「後來我就陪他瘦身運動，9 個月就瘦了快 30 公斤。我們婚前去跟飯店小姐下訂，到後來我們結婚，飯店的人以為我跟不同的人結婚。」想到這段 Sharon 就覺得很好笑。

「我的體重上上下下非常多次。小時候很愛吃，國三胖到一百公斤，高中一直跑步突然瘦下來，瘦到 60，大一認識她差不多 63 公斤，之後就一路又胖到快 80。創業後就一直飆升，飲食很不正常，太早回家怕父母問，希望等他們睡著，十點多送她回家，再回我自己家，然後我就會再補一餐，從 84 一路胖到 109 公斤。」陳昶任補充解釋自己的體重史。

為了結婚跟生第二個孩子，陳昶任連續瘦身兩次，身材像氣球一般，不斷在幾十公斤之間反覆來回，他卻很幽默，「這樣她就很有新鮮感，一直跟不同人（交往）的感覺。」

他的身形跟創業人生幾乎相仿，高潮迭起；起伏不斷。結婚有小孩後卻又是另一種壓力關係，Sharon 生完第一胎，不到 40 天馬上重返職場，白天處理公司、晚上顧小孩，心力交瘁不需多言。

她回憶：「最痛苦是我兒子不睡覺，每天凌晨六點才睡，晚上整夜不睡，連續六個月，我那時真心覺得都要得憂鬱症了，每天只睡兩小時……」後來才知道原來是小孩腸子還沒發育好，每夜的腸絞痛搞到不得安寧。但最慘的還在後頭，「我請他（老公）幫忙顧一晚，他馬上就痛風，變成我要照顧一老一小兩個人。」

從婚姻、家庭到職場，如果當年沒有意外，Sharon 應該是一名幫助弱勢的社工師，因為跟著老公，讓她生活有了一百八十度的轉變。她沒有闆娘的姿態，因為她以前幾乎業務行銷的職位都摸過一輪，「我以前陌生開發的業務也當過，去談判做專案、當商開、做行銷企畫賣東西，什麼都做過。」

在公司，她自有一把尺，把陳昶任為最後做決策的老闆，因此甘願當一個輔助者角色，面對老闆三不五時指派新任務，她自嘲：「慢慢我也習慣了。」

兩人這樣的分工，十多年來逐漸成熟，很多時候都靠 Sharon 直覺去衝撞新市場；展露一些曙光後，下一步由陳昶任接手做收斂，將經驗值轉化成 SOP。但看似營業額不斷衝高，去年 2017 年 SHOPPING99 營收上看 6 億新台幣，但外人卻不知道，這間公司也曾是「月光族」，曾為了錢，忙到焦頭爛額。

從「月光族公司」每天搬錢調頭寸到轉虧為盈

2012 年，因為醫美券遭罰，連續遭罰加上營業額持續萎縮的雙重夾擊，當時 SHOPPING99 有達近半年的時間都是「月光族公司」，每個月付完固定、變動成本開銷後，公司幾乎是沒現金流狀態。

那半年，陳昶任說自己像個「搬運工」，每天都跟公司會計盤算，

哪裡有缺口，他要趕緊從其他款項調度轉錢，幾乎每天都在上演乾坤大挪移的戲碼。「我們資本額當時 3,600 萬，一直虧錢後就開始 3,400、3,200 一直掉，然後還借一堆錢，開始變成淨值為負，變成負 300、負 500，這時候基本上就借不到錢了。」

現在如果有後輩創業人遇到現金流問題，陳昶任都會跟他們分享這套轉錢心法。所謂轉錢，其實也就是調頭寸的轉勢，截長補短，找到各種現金流不至於匱乏的的各種機會。轉勢就是把應付的現金做前後操作，看數字找哪個縫怎麼鑽，怎麼轉。買賣過程有「應收」、「應付」帳款，應收的款項盡量提早拿到錢，應付的往後延，這就要靠轉勢的功力。

應付款項不能延後，該怎麼做？就要可以靠預收貨款，提早找一筆錢進來先做緊急支應。當預收貨款拿到，還要剩餘的錢再買別的貨進來，再把應付的票期往後延。因此，靠這種槓桿操作邏輯，讓公司每個供應商的貨款有轉順的節奏。如果數字攤出來一看，沒有外援的話，怎麼跟銀行談借錢，怎麼去靠內部轉錢轉到最佳。當然偶爾也會遇到訂單的特殊性，「有時財務就會跑過來說：『老闆我們下周現金會變負（值）。』我就會說，喔好我來想辦法，開始找數字，開始問，從貨、從錢、從銀行轉票、從個人信用去轉勢公司的錢。」

也曾有一度轉錢轉到非常緊繃，幾乎是卡死的狀況，還好，真的是靠「誠信」救了 SHOPPING99 一命。

大部分銀行看到一家公司財報是淨值為負，基本是不借的，當時跟其他家銀行借錢都吃了閉門羹，幾乎是快心死時候，有一家銀行，看他們現金流竟然都可以維持正數，而且 SHOPPING99 從第一年開始，財報就有財務簽證及稅務簽證，加上經營 10 年還沒倒，銀行終於網開一面相信他們，靠著好幾筆救命錢轉轉轉，才讓公司躲過差點倒閉的噩運。

回想到那段時光，「我們很感恩，沒有因為這樣遲發一天薪水；沒有遲發供應商一張貨款，沒有冒險走地下錢莊。」

調頭寸開始轉順後，既然無法靠醫美財生存，只能硬著頭皮找新

機會。那時剛好 FB 廣告投放可以下精準的分眾市場，行銷成效一時之間成績大為起色。第二個因素是找對幾項市場的爆品，銷售數整個往上衝，陳昶任還記得，當時一組四公升賣 NT$399 的多種香味沐浴乳，因為 C/P 值高被市場注意，光那檔商品全台灣賣了十萬多組。

　　靠著商品，2013 年 SHOPPING99 業績開始往上，公司現金流也開始回正，那一年，不僅換了新辦公室，也到菲律賓做新市場。

　　由於台灣在電商的行銷工具使用，比東南亞的使用速度領先 2～3 個月，台灣消費者習慣使用的平台如 Google、Facebook、LINE、YouTube，在東南亞也是當地人主流使用，因此靠過去在台灣練兵累積的能量，還有進軍中國失利的教訓，這一次到菲律賓，從社群行銷工具到實際營運，可說短時間內就上手。

　　陳昶任分享，還沒進到菲律賓前，臉書建立兩個帳號，各加 500 位菲律賓朋友，每天觀察他們食衣住行的討論串、社群使用行為，再透過大數據（關鍵字與其他工具）資料庫，接地氣工夫做足，一進入市場就立即達到備戰狀態。

　　2013 年 11 月 11 號架好網站，隔天手機版完工，第一天完全沒花行銷預算，就上門 50 幾筆訂單，隔天翻倍達到 100 筆，開站第一個月營收就達 10 萬台幣，一路業績穩定成長到今日。陳昶任認為網路業開拓國外新市場，可以參考成長駭客（Growth Hack）思維：「先觀察，投入小量測試，評估數據反應再修正策略，大量採用 A/B test 選出最優化方案，最後再放大其價值。」

沒有一百分企業：網路產業五年一變，多樣解法墊高競爭力

　　網路電商環境及數位工具不斷推陳出新，但 Sharon 有感而發，最終影響公司能否繼續生存，還是要回歸看商業經營的本質。身為台灣網路最先鋒的實業創業家，台灣甚至全球網路態勢變化，他們感受最深。陳昶任更直言：「愈來愈嚴峻，生存空間愈來愈小！對很多要切

入這塊市場，競爭不可避免，我們也一直想辦法打出去。」

　　相較於實體商圈的版塊轉移，平均大概每10年會有一些改變，而網路卻是每5年一個波型。「我們家就在這個過程當中，求新求變活下來。」陳昶任表示，加上台灣市場規模的特性，跟大國市場相比，其他國家市場夠深，做一個項目做到底，是足以支撐一家企業的生存。但台灣產業偏向淺碟式，也就是盤子太淺了，水無法裝深，所以要橫向往其他盤子喝才能活下去，連帶大家要做的事情必須跨領域，導致無法在單一項目做到深。然而跨領域經營看似沒什麼風險，但每一項目若不夠專精，當國外企業的龐大資本進來攻打，台灣中小企業很容易因競爭力不足，而逐漸遭受市場邊緣化。

　　以近一兩年，外資積極攻台的某電商平台業者為例，除了技術方面，不斷優化手機使用者經驗，更靠龐大的行銷預算及運費補貼戰術，大打通路戰，不斷吸納更多B2C、C2C業者及商品進駐。有補助、省運費，慢慢鯨吞蠶食流量，愈多人購買；愈多廠商進駐，其他的本土電商自然受到排擠，慢慢台灣平台只能選擇走獨特化、精緻化路線。

　　這種路線沒有不好，但市場規模永遠玩不大，也就是慢慢台灣自己廠商都只能吃到小商機，而能吃下大餅的就是外資企業，逐漸造成產業赤化。

　　這種情況在網路搜尋工具、社群平台一樣顯見。「台灣沒有自己流量，所有媒體掌控權都被Google、Facebook拿走。」陳昶任說隨便一個演算法修改，對許多只仰賴臉書做行銷的業者，馬上就感受到流量大跌，業績的轉換馬上有影響。這代表遊戲規則都是外資在制定，台灣中小企業只能像棋子被指導的命運，難道沒有其他解法嗎？

　　陳昶任用自家的例子，認為他們主要靠兩種模式，去墊高自己的競爭力。

　　其一，在某個領域更深化，市場做到更深，深到外資企業進來還打不倒，這才是具備競爭優勢。SHOPPING99是女性電商平台，要在這個領域做更深，就是把女性消費者，從年輕族群再往後擴展，觸及到更多潛在客戶。同時針對客群，在商品及服務的力道要做更深，也

就是讓黏著度更強化。

但這樣還不夠支撐一家公司長久活下去，因台灣奶水有限，因此這就連帶第二項策略：打新市場。

新市場對網路交易的接受度如何？她們對哪類商品最有感？複製過去還有效嗎？這些問題連帶構成一系列的策略，包含：舊商品打舊市場、新商品帶動舊市場銷售成效等，各種組合策略也將牽涉到新市場的營利，能否回饋到企業本身？研發更多新商品或優化相關系統服務，進而在新市場進而持續做深。

所以對商品風向的掌握、行銷議題的操作、維運系統的導入，哪要先、哪些要後，各種玩法牽涉一家企業的競爭能耐。

面對過去每五年的一波考驗與轉型，在變幻莫測的網路世界，有哪些營運管理的做法是符合當下環境，不被世代洪流所沖垮？

Sharon 以自己多年的經驗分享，賣什麼產品、用什麼型態賣、公司組織變什麼規模，其實都能不斷調整，去擁抱新趨勢變化。但 SHOPPING99 成立至今，反而是很基本但卻很重要的兩大要素沒有變過：「學習」、「誠信」。

不靠一套工具走天下，堅持「學」「誠」的安心企業

回想最初電商的廣告玩法，一開始靠聯盟行銷，在各種小網站的版位賣廣告，但效果愈來愈差，SHOPPING99 馬上轉變策略，第二波跟上 Yahoo 的搜尋紅利期。

Sharon 還記得，曾經一天花了兩百萬投放廣告，在 Yahoo 首頁買固定版位，八小時的業績轉單馬上衝高，效果非常好。但是，這種玩法，逐漸大家開始跟進，導致版位不斷漲價，從四小時 60 ～ 70 萬，兩小時要 40 萬，到最後變成競標模式。

當廣告開始漲價，SHOPPING99 決定不要繼續玩了，開始轉戰 Google 與 FB 下廣告，2017 年 FB 演算法不斷調整廣告費愈來愈貴，

他們又再一次降低預算，把錢拿到更有效的地方測試。

「我們就一直找新的東西，把預算丟到自己的媒體。我們一直在做、學習，找新的，放棄過去倚賴的工具，我們一直在做調整……如果我們沒有一直學新東西，把舊的倒掉，這家公司應該早就沒了，愈倚靠過去工具就沒有未來，不能期待一套工具走天下。」

2017 年底 SHOPPING99 併購流行網站「搭配」，又成立另一自媒體「女子學」，最主要初衷，就是付費流量愈來愈貴，與其這樣，何不自己做內容，創造自然流量？而且是最便宜、最有效又能累積品牌效益的流量。從 2018 年初開始，公司全部網站全面進行 SEO 優化，將網站內容架構重寫，這類工作雖不像付費廣告，馬上就能看到效果，但他們看長期效益，持續耕耘一年，內容帶來的轉換，也許帶動整體營收成長 5％。過去在 Facebook 廣告預算，光一個月就要花上幾百萬，但經過多年不斷嘗試搭配各種組合，現在 SHOPPING99 一整年的行銷預算大幅下降了三成。

除了行銷管道不斷學習，其他面向的進步也不遺餘力，例如客服，SHOPPING99 是台灣電商平台中，最早提供一對一專人服務系統，他們是第一個提出專線服務，扣連到品牌希望帶給消費者的姊妹淘感受，偏向感性的安心服務，而非單純時效的追求。「使用之後有任何問題，可以無理由退款，或 SHOPPING99 積極協助消費者處理問題，並主動回覆處理狀況，不會因為賣出超過 7 天，商品使用上有問題就會被踢來踢去，或是不知道要找誰處理。」

不過客服工具也日新月異，近兩年聊天機器人工具百花齊放，SHOPPING99 不僅新客服系統與 LINE 結合，之後也還要跟其他平台串接，做到全通路的客服系統。「我們想做 24 小時無所不在的客服，在不同載具上串聯起來，透過系統把平台收斂起來，這是全球的趨勢，尤其在東南亞市場的轉換率是高的。」

另外在倉庫分貨、檢貨方面，SHOPPING99 也做到半自動化流程，物流包貨過程公開、減少出貨錯誤、提升檢貨效率。從行銷、客服到出貨，電商平台的競爭力已不單單只在商品力分出高下，而是延伸到

後端系統，高度訴求科技化。

而在誠信方面，看似是經營事業最基本的底線，從挑商品的議題操作，十多年來SHOPPING99堅持拒絕算命、色情、暴力相關的產品。Sharon舉例，良善的堅持的確有一些好的回報，展現在供應貨廠商的合作上。曾有一個實體通路合作，買斷可退貨專案，中間有鋪貨廠商從中協作，那次合作賣出五百萬的貨，最後通路與鋪貨商中間沒溝通好，最後剩貨的退款，鋪貨商僅從SHOPPING99拿回數萬元，但通路商卻退還一百萬的貨，中間的價差，如果不說，鋪貨商整整損失近百萬。

當時Sharon正在打中國市場不在台灣，一遇到此狀況，公司同仁馬上緊急去電給Sharon，一開頭便說：「我知道，對你來說，你會覺得誠實很重要，所以這件事情我讓那個廠商知道，再還回一百萬。我知道你會這樣做，只是跟你再確認。」

後來鋪貨廠商相當訝異，爾後某次見面馬上跑來跟Sharon道謝，「你們好奇特，第一次遇到客戶第一時間告知我這個狀況！」

「很多廠商曾跟我們說，『因為你跟別人不一樣，我願意給你比較好的條件，好的貨品，優先給你，我覺得你們是可以配合的人。』，我覺得我們得到很多這種機會，這種機會是別人不會有的。」

不偷吃步跟誠信，不僅是老闆跟同仁的默契，也成為SHOPPING99在商場談生意的原則。即使連公司同仁離職，也不擔心會被亂爆料，Sharon笑說：「我們也希望同仁跟公司是這樣狀態，沒有騙人的必要，我們晚上是睡得著覺！」

而誠信的價值，也就扣連到SHOPPING99的品牌核心之一：安心，在選品、檢驗、物流、客服到供應廠商的關係，都是建立在此核心之上。與廠商的合作，不靠欺騙與小手段，讓供應商每次合作都感到安心，讓供應端感受到每檔商品的企畫及視覺，是有被認真對待。與公司同仁的關係，傾向找重視誠實及團體精神，不鼓勵個人／英雄主義的員工，讓員工在公司不用擔心突然被解雇的安心感。

與消費者的關係，挑選商品，負責人員要提出自己也覺得安心的

商品，力求新奇、有趣、有效、有價值（消費者拿到商品時，覺得問題被解決或改善），讓消費者在 SHOPPING99 每次購買，就像跟姊妹淘互動的安心。而安心更是有一套 SOP，包含 IQC、OQC 定期抽查；公正第三方的檢驗、認證（SGS、公開認證資訊、內部自主抽檢送專業單位檢驗）。商品不是自己生產、自己寄送，但 SHOPPING99 負責所有環節，這些安心、信任、服務的品牌印象，才能讓商品在市場到了高原期，消費者還是願意留下來。

　　不僅隨時知道消費者的需求是什麼（透過過去購買過的商品資料及瀏覽過的頁面），當下提供最安心的建議商品（針對個別客戶推薦最適合商品），或針對愛嘗鮮的姊妹們提供經過認證的新品。如果說，「品牌承諾」是一種對外消費者 / 供應商的證明，以及對內同仁的認知與溝通的價值，誠信與學習，可說是 SHOPPING99 在各種面向所累積的企業文化。而這也正是奠基品牌自我核心價值，不會被輕易被單一危機所撼動的品牌承諾。

Chapter 3

品牌再深化：聚焦品牌核心，深化品牌價值

一家 18 年的公司，每 5 年忍痛一波成長與轉型，2018，又是一個全新的關口。

「我自己也在思考，如何讓姊妹淘這件事，也在團隊內塑造出來。這是我們今年內部組織做品牌改變很重要的價值，員工在這裡工作快樂嗎？是否符合我們精神？跟我們是否同調？」陳昶任不斷的自我檢視、自我檢討，「我們看了很多品牌書，都在強調要升級過程，Core Value（核心價值）必須先建立，或是企管書提到，想長期經營就需要一致的目標。我們知道應該做，但一致目標如何形成共識？如何做到可視化？我們不了解其中方法。」

因此，SHOPPING99 也針對品牌關鍵三大核心，以及想帶給消費者的品牌承諾、品牌象徵，進行系統化討論與執行。

目前討論出的品牌核心有「新奇」、「速效」及上述的「安心」。

新奇：新奇創意的人才庫，將 SHOPPING99 打造成充滿新奇創意遊樂園。另一方面針對商品需求，不斷提供女性消費者有新商品、新行銷、新消費體驗。

速效：購買、取貨、客服各環節都能達到速率；消費者想變美、想找到希望、看到文案不自主就想跟姊妹淘分享的效果。

安心：產品方面，做到廠內、廠外的品質掌控，另一部分則是與廠商夥伴、消費者關係管理上，打造出跟 SHOPPING99 合作、來這裡消費的安心感。

姊妹淘的陪伴：雙贏讓生態共好

找到三大品牌核心元素後，電商平台如何從銷售，轉變成做到品牌印象的高度？由於商品項目多元、不斷推陳出新，加上有些商品在其他平台可能也買的到，如何跳脫平台之間的價格戰，進而呈現品牌的「溢價力」？

Sharon 認為，SHOPPING99 現今操作更像 Select Shop（選物店），有意識挑選自己想要的商品與風格，創造鮮明的品牌印象。而這家店，要帶給消費者的價值感，就是一種「姊妹淘」，選物店不是為了某個人，而是為了一群女生，一群女生在這間店，你可以用這，她可以買那，各自挑到自己喜歡的事物，而店長給你親民、溫暖、友善、給建議但不嘮叨的個性。但既然是一群女生的需求，大家的喜好又不同，如何找出最佳組合商品？

「想辦法讓商品更獨特化，跟供應商關係綁得更緊密，甚至未來跟供應商合資開發商品，做爆品養成班模式……供應商甚至會為了我們去開發新商品，我們跟其他平台的差異，我們比較想的是 Win-Win Policy（雙贏策略），希望跟供應商我們都能活著的邏輯，想辦法一起賣商品，大家都擁有合理的利潤。」

過去 SHOPPING99 幾波重大失利，最後都是靠「賣對商品」化險為夷。意味著，挑對商品，有時不僅只是靠猜測，背後更是仰賴打造爆品的邏輯，有一套科學方法。既然消費族群是女性，對美妝的功能不外乎在美白、痘痘、去斑、皺紋主訴求。評估新品的可賣度，就會去檢核，是否有新成分？新專利？價格跟同類型相比是否有競爭力？下一步再去檢視商品的包裝、外觀，是否新設計？新包材？新機型？是否有特殊性？最後再看有沒有代言人、認證報告、試用說明？透過各種標準層層篩選。

當然也有商品本質不錯、但廠商不懂得運作行銷的遺珠之憾。SHOPPING99 還有第二階段程序，商品部同仁每個月要提案推薦保證賣的商品，解釋為什麼會賣？當然數據不可或缺，每天的銷售報表搭

配不同季節販售數據，讓商開部找商品有具體方向，也慢慢練就找 A 級品的能力。

現在台灣的電商銷售發展到兩大趨勢，其一的玩法是商品量大、低價，毛利相對低的策略；其二，平台的消費者輪廓，慢慢去排除會使用比價網的客戶，這些人更願意買有質感而單價較高的商品。

對此，SHOPPING99 的策略是推出獨特又新奇商品。所謂新奇，也是 SHOPPING99 三大品牌核心的第二項，訴求「新奇創意的人才庫」及「不變的女性需求有新玩法」，透過盲測選品、系統性挑選上萬件商品中，有哪些是新成分、新技術、新用法、新呈現方法，找出新奇又獨家商品。

陳昶任說：「我們的創設部門正在轉型，開始往更上游工廠發展，找到新的雛型商品，具備新奇要素又是長賣款。原生商品來測試市場，這些是工廠角度，我們從創意角度出發，先有新奇創意的人才，去設計、找尋，甚至開發現有市場上類似商品之外的獨賣點，或是持續找到更新的商品。」

美妝平台這麼多，如何透過商品力，與其他競品有所差異？「我們在做差異化，可能大部分這類型平台都是拚量多、種類多、價格便宜這些策略。但我們拚獨特、獨家、C/P 值高但不見得是價格便宜。」Sharon 解釋，對很多平台而言，業績要極大化，最快方式就是砍價，消費者現在很會搜尋比價，一定能找到最便宜的。

很多廠商私下透露，原本 PM（產品經理）說好價格，突然砍價賣，中間的價差要廠商自己吸收，再加上後續的平台費，算算一個商品利潤三四成被平台拿走，再加兩成是為了打折扣，廠商最後賣愈多虧愈多。

對此，Sharon 提出她的想法，「但我們會想，如果這東西可以賣一千塊，代表有一千塊價值，而且對廠商是合理利潤，為什麼要賤賣？」

殺價，代表壓縮供應商利潤，沒利潤無法開發更好新品、壓低薪資水平，整個生態圈落入短線操作的思維。對消費者而言，買便宜一

定很開心，但不知道這樣消費模式，無形中也在扼殺大家薪資。公司不賺錢無法給好福利，或是最後賺的都是大型一兩間，其他公司規模愈做愈小在硬撐，這樣就不是健康的產業生態。如果不再用製造思維，如何做產業升級？

Sharon 說：「我們最常跟廠商溝通，希望他們做價格控制。彼此有合理利潤，不靠殺價賣，用數據、用行銷，讓消費者看到合適的商品，才能撐起銷量，這樣才是雙贏。而給消費者好商品，我們可以從上游挑貨，找到最適合這群消費者需要的東西，自己覺得這才是多贏。」

許多平台只是訴求 CRM（Customer Relationship Management 消費者關係管理），SHOPPING99 兼顧客戶與供應商關係管理，除了營收讓廠商拿到合理成本，更重要的是 SHOPPING99 擔任中間商，蒐集消費者意見回饋，再將資訊回報給廠商，雙邊的合作不單只再是買貨賣貨，還包含包裝、設計、素材一起討論，反而更像商品銷售顧問，讓更多有潛力的商品更快速市場化。

精準分眾經營，提高 C/P 值，揪團分享用力買

生意要做的好，除了商品、人品要夠好，網路生意如何貼近與消費者關係，讓買家買單，更是一門行銷功課。除了他們不斷轉變常識新的數位工具，更多時候是：「不斷思考什麼產品是消費者會喜歡的，想辦法幫她們跟廠商談。」因為 SHOPPING99 旗下的行銷跟企畫同仁，其不論是性別、年紀或興趣，都非常貼近消費者調性，所以更能從消費者需求角度，去跟廠商談商品組合、談課程票券。

以 SPA 券為例，商開員工與 SPA 店家討論，怎麼安排兼具紓壓、美白，又或是不同課程組合適合熟齡、辦公 OL、社會新鮮人各種 TA（目標客群）。這類票券，透過行銷跟社群的口碑操作，加強網路觸及度，當消費者有正向滿意度後，就會推薦朋友或揪團一起買，形成

正向循環，讓商品行銷慢慢延伸長尾業績。

「很常收到消費者私訊跟我們說，我們好常在網路看到你們廣告，我都會一直買，常常買太多，還沒用完放到過期。這一群是重度鐵粉，券放到過期還是會一直買。另一群很多是 22～26 歲的妹妹，她們很多都是買美妝品、新奇小物來送給朋友，不一定自己會用，但出於想嘗鮮，買多就會送朋友一起試用。」

這項策略，無形中也讓 SHOPPING99 的客單價有顯著成長。

客單價代表一個消費者在平台的單次購物金額，早期客單大約落在 200 元上下，而現在平均值則翻了 4 倍，大約 800 元上下。

「應該說，我們不是刻意拉高客單，而是思考重視商品的 C/P 值，但不是只看售價。舉例來說，一千塊的機票很便宜；一千塊咖啡很貴……」Sharon 表示，也就是 SHOPPING99 擅長商品組合內容物，讓消費者覺得買到的價值，高於心中預設的價格，客單價就慢慢拉高。

當然各種商品方案的價值，並不會一成不變，更多時候必須不斷測試，包含美容產品的容量、組數、票券的服務項目，都需要多方驗證，看消費者的買氣，從中挖掘，那些方案可能更容易揪團或分送親朋好友。也是因為享受過較高的價值提升後，慢慢就回不去買較低價的方案，因而讓後續客單慢慢提高。

消費者願意買單，背後除了商品組合策略，更多時候也是觸動到消費者的感性及理性利益。SHOPPING99 經過各部門的討論，慢慢形成的共識中發現，理性的利益往往來自──很快就收到貨、商品有經過檢驗、商品真的有效果很好用、退貨機制乾脆、這組合感覺很划算、小編回應很快、買一送一耶、要不要一起買？代表扣連品牌三核心──商品夠新奇、使用夠速效、消費夠安心。

而在感性利益，則屬於更深層的心理購物動機，除了可比較的元素之外，因為 SHOPPING99 販售的商品核心都跟「美」有關，買商品為了讓自己變美，用滿意的 C/P 值買到心理的滿足。因此在感性利益，更多背後的動機是來自：想當意見領袖─炫耀；滿足自己心理層面的期待與幻想；生活的小確幸，而不斷達到這些程度的利益，就是品牌

能持續烙印在消費者心中的消費厚黑學。

如今，SHOPPING99 成立十多年，TA（目標客群）的年紀也隨著長大，如何持續留住舊客、挖掘新客，也是經營品牌的挑戰。消費群體的輪廓，如果能掌握愈清楚，愈能將適合的商品，投放給對的受眾。例如撫平細紋產品，絕對不會投放給大學生；還沒生小孩的 OL 對母嬰小物，就不會有興趣。所以透過品牌系統，再一次聚焦 TA（目標客群）的分眾。

經過討論，SHOPPING99 區分目前主要消費者，可分為四大類：①目前單身、②有穩定伴侶未婚、③已結婚但沒小孩、④可能跨足三代的家庭。

這個分類有趣在於，不是以「年齡」劃分，而是用「生命階段」。25 歲與 35 歲的單身族，皮膚狀態、消費能力絕對不同，一樣 35 歲的未婚跟有家庭，消費的動機跟考量要素也不一樣。所以從生命階段組合年齡、職業狀態，就會產生數十種的消費輪廓，像是單身貴族、單身主管、沒工作情侶、小資情侶、新婚小夫妻、家庭主婦、二度就業婦女、有小孩主管等消費輪廓標籤。

而每個階層對可支配所得、炫耀性消費、保有身價行情，甚至偶爾想當一下「逃跑人妻」，奉養公婆兼帶小孩之餘偷閒去做個 SPA，各種不同群體的消費欲望，因應生命狀態差異而有所不同。因此，不同商品的文案呈現與行銷溝通方式，更要強化「姊妹淘形象」的品牌個性，讓平台與消費者之間，創造更深入、有溫度的親切感、共鳴感、在意感。姊妹淘具備的核心特質，也就是品牌的主體共性，SHOPPING99 是電商老品牌，卻也是最熟悉你、明白你生活遭遇又很懂你的老朋友、好姊妹。

Chapter 4

「SHOPPING99」凱爺品牌顧問輔導室

　　我們在品牌課程的結緣，其實是昶任覺得 SHOPPING99 運作十八年到現在，平台本身的確需要在品牌做一些調整。最簡單的理由是，經歷十八年，當初第一批不論是消費者，也就是所謂目標市場，還是乃至於十八年前的品牌定位，適不適合十八年後現在的市場？

　　我相信這個答案大家自己心裡會有想法，所以也就是希望透過這次品牌課程，去更新整理 SHOPPING99 的品牌系統。

　　我覺得跟他們開會是非常有趣的事，大部分 SHOPPING99 的主管都有與會，大概人數六位到八位左右，無論是業務、行銷、商品、設計，甚至海外部門，大家都會一起參與。我覺得在過程當中，每一個人立場不同，譬如說有市場的不同，有部門的不同，所以在做品牌系統的時候，也會拋出很多寶貴的意見，但相對來說討論也容易會發散。但每次的討論跟紀錄，又能走出一套發展邏輯。這應該跟 SHOPPING99 的企業文化有關。

電商平台不走同質路線：打造舞台給無名商品嶄露頭角

　　我們在品牌系統過程，看到 SHOPPING99 營運的高度思維。

　　實際上，在台灣除了財團型的購物平台之外，其實小眾型的購物平台並不好經營。SHOPPING99 平台，持續經營十八年，從某個角度來說，他們願意做別人不做的事情，那這件事情就至關重要。也就是，SHOPPING99 在選品的時候，就開始走跟人家不同的路線，他們很願意採用像台灣本土 MIT 優質產品，縱使這個品牌可能是默默無聞，甚

至是全新的品牌，但是透過 SHOPPING99 商城的機制，往往可以挑選出很好、有發展潛力的商品。當然也經過這麼多年，有很多明星產品是從這邊開始起步的。

我覺得這是一個平台，對市場的責任感，也就是如何挑選適合市場，然後又能夠物美價廉，適合年輕女孩，當然也適合愈來愈多不同族群的女孩，這樣角度去經營。另外一個部分，就是他們對新商品的幫助，通常這些新產品，沒有既有品牌知名度，或者沒有太強的行銷能力，SHOPPING99 從中給他們很大協助，這是業界少見的。

可惜的是，通常廠商經過 SHOPPING99 培養後，有不錯成績，大概 6 ～ 12 個月，它可能就被別的平台用價格、威脅或利誘的方式，導致供應商被挖角，明星商品，當然就不再是明星商品。

隨著市場比較效益，或者別的供應商，以類似商品方法競爭，都會造成一個本來是明日之星的商品，卻快速在市場貶值。我覺得這可能是台灣市場自己要思考部分，如果都用短期業績炒作，很難有長久的品牌力。

獨家功夫選長賣品：新策略延續爆品生命週期

所有在 SHOPPING99 的商品都是全新的，什麼叫全新的呢？也就是，這個商品是第一次上網路、第一次拿出來銷售，甚至是一個全新的品牌。

這種商品通常來說，商品力優於品牌力。加上 SHOPPING99 接觸率最高的客群是 25 歲上下的女性，所以相對在市場的需求，需要很創新，或者是嘗鮮的新奇小物，這部分就仰賴非常高度的開發能力。

所以這麼多年來，SHOPPING99 配合的供應商，大概已經不小於千家，曾交易往來頻繁的，也不下於兩三百家。但如何從這些一千多個新的企業裡面，挑出爆品，以及從兩三百家廠商，合力開發下一個爆品，這個是 SHOPPING99 獨有的 Know-How，也就是商品規畫的能

力。

　　商品上架從零開始，一路開賣六個月後，這個成長數字，我相信只要操作得宜，基本上都有機會成為爆品。但為什麼我認為，爆品不會是唯一的長期策略？其實是這樣：

　　第一，當這個商品賣爆，同樣是電商平台就會來搶，搶的方法，不外乎溝通供應商說，我給你更低價的抽成，甚至是我給你更好的曝光條件。那大部分品牌商，一定希望市場先做大，所以他可能會在 6 甚至 12 個月的時候，跟當初一手扶植他的 SHOPPING99 說 bye-bye。SHOPPING99 必須要在六個月內，把當初培育全新品牌的成本收回，並且盈利，所以時間壓力非常大。爆品被別人收割之前，先把毛利留下，這是第一個要持續面對的關卡。

　　第二個是，品牌商或許有忠誠度，可是市場沒有忠誠度。也就是別的廠商看到這個市場新爆品，進而直接快速模仿推出相似的商品，並用低價策略洗掉市場，導致原創品牌賺不到錢，平台更賺不到錢。因為通常做出來的這些仿製品，會用更低價方法，在全平台甚至是C2C 平台上面傾銷。

　　從客觀邏輯出發，這是為什麼我認為爆品策略不會是一個長久之計。

　　實際上，商品開發能力對 SHOPPING99 來說，不一定要靠別人才能生產商品，有的時候可以像便利商店（CVS）那樣自己開發自有品牌。SHOPPING99 對這個商品的掌控力就會比較高，毛利也會比較好。那當然相對有一定的風險及成本，譬如說生產成本、MOQ（Minimum Order Quantity・最少訂購量），這些都是必須要考慮的策略，也是可能讓商品生命週期延長的一個方式。

　　我認為這兩件事情並不衝突，也就是平台做爆品這件事情，天經地義，如何把爆品延續成為長銷品，這件事情就是商品策略。有沒有別的方法呢？或許還有一個方式是，可以透過跟不同的供應商關係簽訂合約，也就是爆品操作的獨家合約，彼此保證彼此的利益位置。在這個過程，期望讓獲利穩定的時間拉的更久一些，而不會被市場其他

抄襲者快速反銷。

扶植 MIT：策略不同日韓美妝平行輸入

　　縱觀台灣美妝平台，有幾個趨勢：第一，在販售模式，比較像是 Collection（精選、嚴選），也就是選物店概念，每家選物店有自己的定位，可能專賣日韓或歐美等品牌的選購路線。

　　我覺得起手勢的不同，讓 SHOPPING99 跟其他平台的路線發展也不同。SHOPPING99 選用 MIT 商品的高比例，可能跟所謂平行輸入美妝，就有天生的差異。那也因為這個差異，連帶讓他們在供應商關係，以及品牌商品的策略逐漸跟其他競爭者分道揚鑣，怎麼說呢？

　　通常願意引進的日韓商品，應該都在國外有一定的知名度，相對來說，這個商品在基本既有的行銷操作容易，可是毛利位置困難。因為它已經很有名了，你可能要用代理買貨的方法進來，日韓平輸美妝操作的空間是比較少的。

　　如果做的是 MIT 供應商管理，先天來說，MIT 的商品本來就會是品牌力比較弱，可是 SHOPPING99 卻擁有比較多跟工廠溝通的方式，例如兩個小時就可以到對方工廠討論，提供廠商一些輔導經驗，或者是對市場的看法，形塑出商品獨特的行銷賣點。相對來說，在操作整個新品概念的成效，就比較符合 Local Market（當地市場）的需求。

　　毛利，當然也就是另外一個空間，也就是說，SHOPPING99 賣的東西，無論售價還是進價，都比日韓平輸有優勢。

　　所以我覺得這件事情終歸，這個市場消費者的喜好，對產品力是不是大於品牌力？如果有辦法操作，在商品力推廣的同時，成就品牌力。那依照這個角度來看，SHOPPING99 跟一般美妝輸入平台長期策略的差距就會愈拉愈遠。一般美妝輸入平台通常作法是，這個商品在外國賣很好，有一定銷量及品牌力後，消費者再來信任它的商品力，所以這兩個渠道的思維不太一樣。長久而言，SHOPPING99 所累積的

企業經營管理 Know-How，還是根基在市場觀察，尤其是當地市場目標消費群的偏好習性研究、對供應商的管理與教育，然後甚至對於新品開發的幫助。

善用精準數據力：後續仰賴養套殺哲學

我比較期待的是，除了營運端的流程管理及數字分析之外，SHOPPING99 可否透過十八年來的大數據分析，研究出當地市場，究竟這一票所謂愛美的女孩們，她們下一波會愛的爆品到底是什麼？

這件事情如果不是用猜測，而是能夠用數據推敲，那我相信，在長久穩定的毛利，更指日可待。

另外從分眾市場的經營角度，我能給的建議是俗稱「養、套、殺邏輯」。我們把這一套邏輯放進目標客層裡，「養」這個字，說的是盡可能放大你的目標市場範圍，就是 as many as you can（盡你所能的養大市場）。那為什麼要養這一群人？搞不好這群人，初期都不會為你賺錢，譬如說 25 歲的年輕人，大部分沒有過高的消費預算，就算日光族也沒有。

但好玩的是，這位 25 歲女孩，你養她十八年，在這個過程累積十八年的 TA（目標客群），你發現有一群人很喜歡美白；有一群人很喜歡 SPA；有一群人很喜歡旅行，你發現每一個人，她身上都有一些些獨特的標籤（Tag），某一群人跟另一群人相似，你把她們靠攏後，用此邏輯把她們「套」起來，這是養套的套，也就是在行銷策略裡的「分眾」。

累積十八年的數據，SHOPPING99 可以精準分眾，這個人傾向 SPA 商品模組、那個人傾向美妝模組，另一個人屬於生活小物模組。

那到第三個階段就要開始「殺」了，什麼叫殺？當她們被你套到了之後，她對你的東西有認知的時候，這個殺指的就是，在一開始養的時候，可能沒有過高的毛利，可是在「殺」的這個階段，我們就必須投其所好，給她完全符合她的商品，甚至有一點客製化，而且是所

謂大量客製化。讓這群消費者，願意付出比別人更高的毛利給你。

這個「養套殺」邏輯，簡單來說就是先把市場養大，套出小圈圈，然後殺進毛利。從這三個角度下手，SHOPPING99 更有機會成為台灣電商市場，有自己利基市場的女性電商平台。

優化客服流程：交叉分眾讓 TA 更清晰

針對整個品牌系統過程，SHOPPING99 根據每一次會議之後的反饋，可以說是「所學所得」，在效率及進步面是非常明顯的。也可以說本書其他品牌當中，企業因應品牌討論出來的改變是最顯著，而且是整個組織都在變革的。那我特別想講幾個例子，第一個是，我們花了非常多的時間在溝通，SHOPPING99 的消費者究竟要什麼？這件事情背後牽扯的是，你的目標市場在哪裡？以及消費者買單的利益是什麼？

從這幾個部分的討論後，SHOPPING99 開始盤點消費者會出現的管道，最直接回應就是客服。這些客戶來源四面八方，譬如說，用 Facebook 來的、用 line@ 來的、用客服信箱來的、用打電話來的，各方各面都有不同消費者聲音，所以 SHOPPING99 做了統一處理的流程。

我覺得這件事情 SHOPPING99 做得很讚、很厲害！或許有人認為，這件事不是很簡單嗎？一個品牌不是就是一個 line@、一個 Facebook、一個 e-mail 跟一通 0800 客服電話嗎？實際上在 SHOPPING99，可能有超過二、三十個以上活躍的粉絲團要回答，然後每個粉絲團經手的廣告或是貼文不計其數。但在貼文跟廣告下面的消費者回應，SHOPPING99 一封都不漏掉。我覺得這顯示他們是非常高流程化的公司，能快速針對討論做出改變，這是我第一個看到他們流程規畫能力的高度。

第二件事情我想講的是，我們討論消費者需要的資訊跟商品，昶

任做了一個決定，他決定把耐德公司下轄的二、三十個粉絲團，全部重新打散分眾。也就是開始定調，每一個粉絲團要講的話是什麼，每個粉絲團的重新定位。盤點全部手上所有操作的粉絲團，對應目標市場人群重新規畫編制。更瘋狂的是，我們定調這 18 年，SHOPPING99 平台客人的樣子，譬如說，一般的 TA（目標客群）定位就只有一種，幾歲到幾歲？然後可能是什麼樣子的工作形態？上班族、中高階還是家庭主婦？

可是在 SHOPPING99，現在分層的邏輯是用年齡跟生命階段來交叉，所以可以看到的是，25、35 、45 歲以上，這中間可能是單身貴族、可能是家庭主婦、可能只是情侶，甚至這個人是大家庭媳婦各種身分。透過不同的年齡層跟生命階段分割，SHOPPING99 擁有非常精準的消費者輪廓。

然後透過前面講的方式，不同粉絲團對應不同的內容、不同商品推播給她們。接下來 SHOPPING99 會做有趣的事情是，在消費者登陸系統的時候，你看到的資訊就跟別人不一樣，因為你們兩個是不同「套」，也就是不同分眾。長久來說，這才是讓 SHOPPING99 毛利更為穩定，或者是較平均毛利更高的一個策略。

我覺得 2018 年 SHOPPING99 會有滿不錯的表現，除了全部重新定位平台之外，還有全新的樣貌，甚至更深化服務流程，以及訴求品牌的價值。我認為在整個耐德科技現在的戰略更加多元了，去年開始還自立門戶成立「女子學」，以及「搭配」兩個新媒體，甚至還有更多可能都在開發中。所以可以期待未來他們的發展，耐德可能會是台灣電商產業當中，大家所謂電商寒冬，它可能是這個夜空裡最亮的那顆星，或許不是最大的，但是它肯定是最努力的。

Chapter 5

凱爺：「SHOPPING99」繼續 ing

　　SHOPPING99，這本書最長壽的企業品牌，也是眾多企業當中，經歷過最風雨飄搖，幾次失利賠損的資本，前前後後加起來已經是近上億元。除了信仰，支持夫妻倆一路跌撞一路成長，最重要的更是信念，正如 Sharon 說的：「我們還想要再做好幾十年，不是只看明天跟後天而已⋯⋯」18 年走了一圈，有些事情彷彿是冥冥中注定好了。當年兩人還學生時候，最早創業項目就希望從媒體起家，但試了又試，就是無法把商業模式做起來。

　　而事業的巧合，又或是商業策略的巧妙，18 年後，事業版圖再次擴張到媒體圈，彷彿跑了一輪創業馬拉松，路上看過許多風景後，有一天又跑回當年的夢想。從女子學到搭配，從電商平台到內容行銷策展，他們沒有放棄任何一個可以創變的機會。當初為了解決網路廣告愈來愈貴的痛點，沒想到新事業創新，不單單只是從電商跨足媒體，對企業本身，卻也是一種自我要求的「突變」。

　　「搭配跟 SHOPPING99 是不同腦子，連帶我們也讓辦公室分開運作，保持不同經營邏輯。SHOPPING99 是『電商腦』，每天想的是這個商品會不會賣的銷售導向；搭配卻是『創意腦』，想幫客戶做出有質感，讓品牌印象傳遞的內容導向。」Sharon 解釋。

　　但可以確定的是，不論是哪一種腦，要在愈來愈競爭的網路產業站穩腳步，對老闆而言都很燒腦！

　　採訪這一天，恰巧是 Sharon 與創業朋友剛吃完午飯，匆忙趕回辦公室。Sharon 解釋晚到原因，聊到剛聚餐老闆突然對 Sharon 訴說自己已經罹癌第四期，癌細胞已擴散全身，生命所剩時日，連醫生也無法用醫學角度預測。回顧身邊創業老闆各種事蹟、各種遭遇，Sharon 講起創業老闆的各種難處與辛酸，不禁感嘆：「這些故事，真的都好辛苦。」回想 18 年的創業歷程，陳昶任與 Sharon 不輕易放棄的信念，因為就算，「錢賠光了，至少命還在嘛！」

—— 柔情悍將女老闆，內衣女王到女鞋教主「Bonbons」

成立迎向第 8 年的原創女鞋品牌 Bonbons，如果要描述創辦人林怡慧（Lisa）的性格，「柔情悍將」是最適合不過的詞彙了！她有時很敢、很衝、很勇於捍衛品牌名聲，遇到路見不平，她完全沒在怕「嗆回去」。但一層一層剝開她強悍的外殼，她心底深處有一片湖，柔情似水。

記得年初冬季幾波超強冷氣團席捲北台灣，濕冷陰風掃著一波波陣雨，她站在 Bonbons 展間門市前，看著一組一組客人，在下班後冒雨來買鞋。每個愛美的女孩，彷彿「洋蔥超人」，進門後脫下濕答答雨衣，再卸下一件又一件的厚重禦寒外套，每個動作就像為了掏出最真實的內在給 Lisa：「你看，這是我們如此愛 Bonbons 的真心啊！」

望著每位女超人，手上提著一盒盒戰利品，心滿意足離去前，把一層一層禦寒盔甲再度披上。Lisa 想的不是今晚賺了多少錢，而是送走一批又一批，無畏寒冬也要前來支持 Bonbons 的女孩們。她突然掉進回憶，想起當年創業的自己，她喃喃自語：「看到今天的客人，我好想哭喔……」眼眶噙著淚水，再次感受八年前那顆創業的真心，劇烈的跳動，溫暖的熱血，甜的、苦的，全在今夜湧上喉頭。

2017 年，Bonbons 總營收紮紮實實突破一億元新台幣，媒體的吹捧聲、朋友的讚嘆聲，再吵、再鬧的喧囂，也敵不過她創業路上舉步維艱，夜深人靜的自我對話聲。

Chapter 1

創業血淚：英雌不怕出生低，大膽主動敲門應徵

如果你過去曾到 Bonbons 總公司買鞋，某一次招呼你的可能就是 Lisa 本人。

還記得採訪她這一天，我們在 Bonbons 總部的展間小角落，坐著一邊聊，幾位幹練的 OL 女郎突然魚貫而入，說自己業務工作要久站，需要厚底、穩固又好穿高跟，「撐」起專業也「墊」起業績。耳尖的 Lisa 像個女皇，公司一角一落都逃不過她的法眼，彷彿她早調查好女孩的身家背景，吆喝一聲，馬上讓員工把即將上架的新鞋，讓俏女郎試穿。

女孩拿到新款式，嘰嘰喳喳不亦樂乎，驚呼連連：「也太好看了吧！」打樣尺寸恰巧符合她 38 號腳型，試穿後又是一陣驚嘆：「好穩喔，完全不咬腳！」

Lisa 自在從容與客人應對的樣子，像極百貨專櫃幹了幾十年的老鳥，完全摸透客人心思，卻不讓對方感受一絲壓力。但她這輩子從來沒當過櫃姊，這份老練的「業務力」，原來最早可以回溯到她的高中歲月。

過去報章雜誌對 Lisa 的報導，大多從她在證券公司的工作做為起點。但她說，其實更早之前，她有好多好有趣的打工經驗，那是從來沒對外曝光的故事。而年輕時打工所累積下來的歷練，才可能正是她一手打磨 Bonbons 背後最深層的養分。

細數她的求學打工史，從高中起，她就待過婚紗公司、擺過地攤，也曾在日本料理店端過盤子，念夜二專，她白天在汽車保險公司做保險理賠的代客驗車。晚間下課，再跟男朋友去路邊巷弄，在汽機車後照鏡貼貸款、借錢廣告的 3M 小貼紙，當時半夜貼完一疊，就能馬上

拿現金,超開心!

Lisa 的豪氣與大膽,可能是在她的青春歲月練就起來。在汽車公司為了開客戶的車去給保險廠估價,她 18 歲生日一到,馬上就拿到汽車駕照,一個小女孩,當年開著賓士、BMW 各種大車在路上練技術,挑戰各種彎道。那時候,她每天要開著車在市區到處跑,笑說:「練到我可以媲美專業司機,在台北超級會找路!」

如果說,現階段要一個還沒出社會的高中生找打工資訊,應該難不倒,用手機 Google 搜尋、下載打工機會 APP,成千上百的資訊嘩啦啦幾秒鐘就跑出來。但在 20 年前,連手機還不普及的年代,要找打工機會不是看路邊宣傳單、報紙小格廣告,要不然就靠親友介紹。而 Lisa 人小鬼大,為了賺補習費讀插大,想說打工個一年半存學費也好。她還記得那一天穿著學校制服,走在中山北路,望著街角落地窗的漂亮婚紗。

「我當天不知發什麼神經,突然就很想找打工,我跑進一家婚紗公司,人家根本沒在徵人,我就跑去敲門說:『我覺得你東西好漂亮,我真的好喜歡,但我還是學生,不知道你願不願意用我?』但人家其實根本沒缺人。」

她的貿然,幸運之神似乎還有那麼一絲的憐眷,平常婚紗店老闆很少到店裡,那天就這麼剛好他在。Lisa 進到店內,主動問有沒有缺工讀生。老闆看在這個女孩「勇氣可嘉」,竟敢大膽敲門要打工,而破例讓她來打雜。於是,Lisa 每天固定下午五點到婚紗店報到,從端茶水、招呼客人各種小活開始。

因為她身高夠,慢慢進階協助新娘試穿,幫忙挑選、整理禮服,甚至到後期她還幫忙整理婚紗照片;當時沒有數位相機,每張照片要一張張剪好跟底片相互對照貼妥,接著壓模、編排到大相本。她邊做邊學怎麼幫客戶相片對色,編好一本相簿送到客戶手上,在婚紗業前前後後做了一年多時間。

求學畢業後，親友介紹 Lisa 進到證券公司，一待就是八年。

「我根本不知道我能幹嘛。」那時候的她就像大部分的新鮮人，全因當時股市景氣還不錯，20 初歲自認沒有好學歷，跟相仿年紀的同學一比，證券工作年薪可以到 50～60 萬台幣，不比人家差，又是看起來相當穩定的工作。

所謂的穩定，她在證券公司 8 年幾乎都做一樣的事情。Lisa 細數在承銷部的工作，主要針對要上市櫃公司，準備到證交所掛牌之前，協助公司對外公開發行的環節。簡單來說，一間公司要上市櫃，時程規畫可分為四個階段：①輔導階段；②審查階段；③承銷階段；④股票正式掛牌。

Lisa 就是負責第三個階段，幫公司負責抽籤、跑名冊、用印，到最後一關集保帳戶就可以結案，讓輔導的公司順利掛牌。「在證券公司，我沒有所謂喜歡不喜歡，就是一份工作。我說實在，當時完全沒有意識職涯怎麼走、自己喜歡做什麼，完全只為了薪水。」

回過頭看那段不長不短的證券生涯，Lisa 笑說：「我沒去考證照，看到條文我頭就暈，我很不上進，也可能是我內心其實很不喜歡……」味如嚼蠟的數字日常，每天翻著一份又一份的枯燥文書，她回想，那八年最有趣的時刻，應該就是跟其他證券公司協辦業務時，可以跟一票女性朋友聊天吧。

由於業務的特殊性質，每個輔導案子會有一家證券公司主辦，其他公司協辦，因此報告書需要大家聚在一起用印，每次聚會女孩們就像放出籠的小鳥，難得可以出來透氣跟姊妹淘相見，總要嘰嘰喳喳聊上幾句，展示一下自己新買的鞋。

那八年 Lisa 聽著不同女孩對鞋履的描述，去哪裡買了一雙好穿又好看的跟鞋，她累積的第一手心得，可能比市調公司的數據還深。這也是間接原因，日後她做鞋，為什麼能抓住不同女孩對多元風格鞋履

的胃口。

　　隨著證券景氣逐漸下滑，Lisa 發現年終業績不斷萎縮，剛好身邊朋友有一批賣不掉的日韓系內衣，問她能不能接手這 30 萬的貨源？

　　「很衝動對啊，可是我也不覺得我失敗後找不到工作。」隨著工作歷練與年紀的增大，她當時心想，要找到一樣薪水的工作，去其他地方，應該也能領到差不多水準吧。她幾乎是沒有考慮的衝動狀態，完全沒跟家人討論，帥氣轉身離開證券業。「我沒想太多，就很天真！」

　　沒想到當年的天真，讓她再也沒領過上班族死薪水，30 萬元的內衣本金，短短幾年女鞋營收翻漲 300 多倍，成為台灣流行女鞋億元品牌。

內衣女王叱吒風雲：沒人教她做生意，客戶遍及全台 50 家

　　30 萬元的內衣貨，數量不小，Lisa 想著這個 B2B 的批發生意，要賣出去的最快方式，乾脆讓下游廠商主動來找她。她在中國時報的夾報廣告頁，刊登一小格 80 塊廣告「內衣批發　現貨供應」，當時那批貨沒多久便全部售罄。當時做生意，根本沒有想太多，更不用談什麼商業模式，全都是現金來、現金去，每天錢拿飽飽就很過癮了。

　　沒想到 30 萬元現貨內衣生意這麼好做，Lisa 突發奇想，不如自己找貨當盤商，也許是一門生意？

　　你能想像嗎？在十二、三年前，她就開始把腦筋動到網路，她在當時還根本沒什麼名氣的「阿里巴巴」網站採購批貨，「當時阿里巴巴網站還很 Low，我都用 QQ 跟中國廠家聯繫。」找到穩定貨源，接著就是開發客戶，過去用報紙刊登還只是被動等待，現在該是主動出擊！

　　「我覺得那時候還滿聰明的，十幾年前沒有任何一個人教過我，我就知道可以做寄賣模式。在大街小巷，從基隆到屏東，都有我的店

家。」Lisa 自豪的說。

　　當時網路購物還未盛行，大家還是習慣去夜市、商圈、門店買貨。當時她算過內衣單件進價 100 元，下游廠商若要買斷，售價 200，等於一件毛利 Lisa 可以賺 100。但買斷廠商少，會去跟她批發的廠商也都局限在台北。沒有人教她，她自己想出「寄賣模式」。

　　她開著車從台北一路往南，去找人潮多的夜市、商圈，把自己當成消費者，看哪條街熱鬧適合做生意；看哪家店的裝潢有質感適合賣內衣，專找外型亮眼的老闆娘。「我就進去跟她說，我東西給你賣好不好？她們問怎麼做？我說你清出一個櫃差不多一兩坪，清出空間後，我就來幫你鋪滿貨，你完全不用給我訂金、押金。」這個生意，乍聽之下感覺好冒險，沒有簽約、沒有規範，難道 Lisa 不怕交了貨，對方把整批貨捲走嗎？「我相信對方，就是賭這件事。我一件內衣成本一百塊，兩三百件也就兩三萬，如果店因為這樣跑掉，我也認了。」

　　正因為她夠直接，每次登門拜訪就先稱讚對方漂亮，接著攤出好條件——我拿東西給你賣，不用押金、不用庫存，你只要把櫃子空出來，我每周來跟你結帳、幫你補貨，盤點賣了哪些貨。

　　「只要聽到東西是免錢，做生意的人都不怕。」Lisa 笑說。

　　就看準一攤只是兩三萬的成本，她知道路邊做生意的櫃位不只這個錢，攤販要跑路，其實沒有太大必要。

　　回想寄賣模式，Lisa 還真的從沒被跑過任何帳。

　　至於寄賣生意，為什麼做的成？

　　「我願意做這件事，我賭它一個月就回本。」所謂回本，Lisa 頭腦動的快，她算過，寄賣終端售價 590 塊，攤販抽成 290，等於幫忙賣的廠商完全不用擔心貨源、庫存，只要幫忙賣，每一件內衣對方就淨賺 290，至於剩下的 300 元，扣除成本，Lisa 每件賺 200 塊。

　　一個攤第一個月假設鋪貨 300 件，等於先砸 3 萬成本，每個月一個攤只要賣超過 150 件就能打平成本，多賣就是幫 Lisa 多賺，而且寄賣還不用給通路費。對攤販店家而言，沒有庫存成本，還可以退換貨，

Lisa 每周還會來補新貨，「她賺我也賺，大家都很開心。」成就一門雙方都得利的生意。Lisa 發現這個模式比批發賺更快！

她經常一個人去全台巡點，凡是看起來人潮鼎盛的商圈，沒有她的貨，她就主動出擊。當時北中南整個寄賣櫃，算一算有數十個，下游廠商加加減減，少說超過 50 家，江湖上的「內衣女王」名號自此不脛而走。

「我夠阿莎力，很多事情就是天性吧。我相信你，講誠信、有膽子，這幾個元素組合起來，可能是成就我之後創業，血液裡很重要的 DNA。」

能被稱為內衣女王，除了有生意頭腦、敢衝夠拚，在 Lisa 身上，還有一項讓她的競爭對手永遠摸不透的特質，就是「商道」。

她做批發，當時一天的行程，一大早她先分好貨，讓批發客開發財車來批貨，當那些客戶正中午要開始做生意時，等於 Lisa 是最空閒時間。沒有人要求她，她看到客戶忙不過來，還會幫忙顧攤位幫忙賣，信任關係深到客戶要開新的店面，開個價碼就讓 Lisa 配貨，甚至還讓她到店內一起把一排排衣櫃架好。

她的親力親為；她的真誠信用，讓這些客戶超級死忠。曾經就有想偷 Lisa 客戶的競爭對手，因為生意做不下去，親自跑來開誠布公，他們很想一層一層剖析，Lisa 到底有什麼魔力，為什麼一模一樣的商品，價格下壓一、二十塊，那些批發客仍不為所動，怎麼樣也偷不走？

「當時（競爭對手）還曾跟蹤我，看我怎麼跑客戶。他們看我一個人肩膀兩邊，各背少說上百件內衣的大袋子，挨家挨戶去幫客戶送貨，甚至常在凌晨 12 點、1 點，還在去各夜市鋪貨。他們覺得我太妙了，竟然賣比我便宜 50 塊的貨，客人還拉不走！」

因為寄賣要補貨，Lisa 每天幾乎是板橋、通化、新莊各大小夜市跑，有一陣子甚至每周晚上去林森北路報到兩次。Lisa 手上有兩家客戶都是珠寶店的老闆娘，當時台灣景氣是最好的時候，一條林森北路，充斥燈紅酒綠、紙醉金迷的夜生活，不少日本商人出手闊綽，去酒店不是給現金而是直接送珠寶，因而衍生出特殊的依附生態，許多珠寶

店應運而生，酒店女郎賣珠寶換現金。Lisa 那時旗下客戶不乏是珠寶店外的小攤販，她常常現場送貨，坐在旁一邊聊天，一邊看酒店小姐挑貨。

「現在回想那段時光真的好快樂。以前會直接背一個整個麻布袋的睡衣、丁字褲去送貨，我坐在小板凳上，小姐看到漂亮的丁字褲，常常一買就幾十件，一個晚上現金可以收好幾萬。以前霹靂腰包裡現金真的塞飽飽，現在回想起來有多嗨啊！」回顧過去批發生意，Lisa 說當時應該是創業至今，手上最多現金流的歲月吧。

從內衣批發到女裝至自創、代理品牌，豪氣大捨大得

批發生意是 Lisa 一個人獨立親力親為，她靠自己實力闖出內衣女王封號。某天突然一通陌生電話打來，對方一開口，就是「我想跟你合作」。繼續詢問之下才知道，對方是住在同一巷口的鄰居，對方看她生意做得好，提議去五分埔開一家店面。當時五分埔風頭正熱，開店需要一點人脈才能選中好店址。兩人一拍即合，對方找店面、談合約；Lisa 負責找貨源、開發客戶。

不過合作到後期，無法忍受對方安插太多親戚到店內，合作一年 Lisa 與對方的合作和平終止，合作夥伴以為她要另起爐灶，她發誓「絕不會再做內衣批發生意」。

Lisa 沒有認真想下一步怎麼走，只是外界都很好奇，明明她做得好好的，怎麼突然就不見了？

但人生的際遇就這麼奇妙，以前內衣的競爭對手，就在這個時間點跑出來，當時對方在內衣批發成為 Lisa 手下敗將，探詢她做生意的過程，竟提出一起聯手做女裝想法。

那陣子 Yahoo 購物中心女裝正紅，但他們玩兩個月卻大賠，Lisa 直覺衣服市場水太深，資金不夠、量無法做大，投了幾十萬趕緊收手。為了遵守之前諾言，Lisa 跟當時的夥伴決定嘗試內衣品牌，專攻 B2C

市場。有過去批發資源、供應鏈充足，以前廠商一聽她回去，挺她到底，內衣品牌上線第二個月，就衝上 Yahoo 購物中心自創品牌內衣類的第二名。

內衣品牌經營一段時間，業界開始愈來愈多人脈串接。因緣際會朋友介紹台商鞋業集團的二代給 Lisa。

該集團有上千個專櫃，在中國發展得很不錯。當時第二代公子 J 希望把通路從實體拉到網路，但當時中國電商才剛要起飛，一雙鞋售價七、八千台幣，又跟百貨櫃競爭，網路完全賣不動，生意慘淡一塌糊塗。為了不跟舊品牌打對台，決定成立一個新品牌，專攻網路，客群主打年輕女生，這個新品牌就是 Bonbons。

Bonbons 上線一年後，生意還是沒起色。一來，這個品牌當時背後操作的人，不是集團一軍大將；二來，台商鞋業集團習慣實體生意，網路的網站視覺、文案圖片、行銷檔期，完全抓不到市場胃口。

因為共同朋友的牽線，J 請教 Lisa 做電商的 Know-How，如何把照片拍得跟內衣一樣又美又有質感？原本只是單純經驗分享，接觸久了 J 便提議，何不把拍照的業務外包給 Lisa？

但當時 Lisa 還有內衣品牌的事業，她靈機一動心想，用現有台灣的人力規模，把內衣品牌模式複製到鞋子，Lisa 當鞋子的台灣經銷代理，一個品牌兩岸賣，這樣協助拍照更為理所當然，也節省鞋子寄來寄去的麻煩。

「我就很天真，我可以幾個人做內衣，就複製第二個商品，又不用開發，就拍照、上傳、行銷、出貨，給我東西就賣，不外乎就這些流程，我沒有想太多……」

由於雙方合作從單純的外包，拉高層級到經銷代理，台商鞋業集團為了展現誠意，邀請 Lisa 團隊到上海總部參訪，順道與上級總裁，深度討論合作事宜。

隔天早上八點的飛機，前一晚 Lisa 團隊還加班到十點多，下班前，團隊夥伴突然對她開口：「姊，這趟去上海，如果真的有這麼好的機會，都是你應得的，我們不能牽絆你……」當時內衣品牌營收很漂亮，

夥伴的一段話,暗示踢 Lisa 一腳,因為誰也不知這趟上海行,新生意到底做不做的成。

「他們就是賭,去上海應該狀況不明朗,他們不相信人會有這麼好的際遇。為什麼大集團會無來由要跟我一起合作。」於是用漂亮的話術,包裝背叛 Lisa 的目的。

那一夜,她氣到整晚無法入眠,隔天要飛去一個未知地方,她不但沒有期待,而是硬著頭皮、紅著眼眶,跟夥伴一行人,若無其事依照原訂計畫走。

甫落地上海,一台休旅車已在機場等候,一路開到集團總部,從外圍鐵門到辦公室,車子不知開了多久才到達,一行人被高規格禮遇嚇傻了眼。也許過去的商道累積的福報因果,在這一刻體現。

雙方認識交流後,J 隔天私下與 Lisa 見面,一開口就先道歉,表明總裁見過她們團隊後,只想跟 Lisa 一人合作,但過去知道她不願割捨團隊,這個案子可能合作不成。

Lisa 說她完全沒想到聽完 J 的第一句話眼淚就掉下來,他不解的問她怎麼了?她跟他坦白:「不瞞你說,我前天晚上被他們背叛了。」

是冥冥中注定的吧,那一刻,Lisa 正式與 Bonbons 結下這輩子的緣分。

「我朋友都笑說我很傻,好不容易撐起的生意,很敢說放就放。但我這個人個性就這樣,一旦決定後就不留戀!」每次離開前,Lisa 堅持要走也要走得乾淨利落。她留下供應商名單、把窗口一個一個引介給前夥伴,甚至還親自教他們怎麼採購;如何跟工廠拿貨;怎麼選版等等。失去她苦心經營下來的生意,Lisa 不懊悔嗎?她想了很久,才緩緩說:

「其實我很多事情處理都很笨,我做每件事,都覺得大不了這件事沒有就算了,其他覺得大不了就 30 萬、50 萬、100 萬的損賠,唯獨就做鞋子這件事,我到現在沒有去算⋯⋯」

Chapter 2

企業實戰：智取品牌主導權，抵押房貸爭回股份

2010年4月，Lisa在台北租了一間小公寓，開始她鞋業的生意。鞋業集團開始把鞋子運到台灣給她拍照，從兩三張桌子開始，一步一步在Yahoo購物中心上架，成為Bonbons最初的雛型：一盤貨、兩地賣。

Lisa加入Bonbons經營一年後，台灣營收一個月維持幾十萬，但在中國卻是無人問津，整體是賠錢的。

一通遠洋電話從上海捎來，J開門見山，說這個牌子從創立到現在，賠了幾億台幣，集團設停損點，雖然手上還有幾十萬雙現貨沒賣出，決定認賠煞車收掉品牌。

Lisa從內衣轉戰女鞋，她對女鞋產業還沒深入研究，當時覺得整體商品質量還不錯，只是款式有點土氣。

聽到總公司的決議，Lisa回想那一晚情景。「我不知道我發什麼神經病，我不願意服輸。突然浮現以前合夥人的嘴臉，很多家族人的嘴臉。很多人看準，我不會這麼好運，我不想毀掉自己一世英明。」

事實上，決定跟鞋業集團合作一開始，Lisa是有出資入股，占股大約40%。她知道除了台灣區經營者角色，也要成為股東，她主動提議要出資，她不想在一個不對等的角色經營這個事業。

現在回想，不得不說當初入股這一步走得真是睿智，如果當初沒有走這步棋，決定出資合夥，財團決定要抽手，也不會提早通知她，而她也失去主動權，那麼可能就沒有今天的Bonbons了。

不服輸的一口氣，讓她堅持頂下Bonbons

鞋業集團要把品牌收走那晚，Lisa捫心想過，只要一個決定，對

Bonbons 放手，馬上可以沒有責任，對外隨口說市場不好的藉口就能帶過，她大可找新的項目東山再起。

「真的一句話，從此我就人生了無牽掛。我那時候不是心疼錢，我是不服輸。我腦子浮出這麼多，等著看我笑話的人，我骨子很硬你知道嗎！我就是真的不甘願，不想被別人看衰小！」

那一晚接到電話是 Lisa 做生意後，第二次整夜沒睡，輾轉反側，無眠想了整晚，隔天火速回電給 J，她說：「從現在開始，這品牌我一個人扛！」

她只跟對方提出一個請求，從中國調出兩三千雙還能賣的鞋，成為她轉成現金的保本，而且是用「借」的形式，即使分期付款，總有一天也要全部還給鞋業集團。

靠著這些現貨，最後轉出兩三百萬現金，Lisa 決定要賦與 Bonbons 新生命，整個品牌操控權掌控在自己手上，從供應商開始找，開發屬於 Lisa 風格的 Bonbons 新樣貌、新格局。

當 Lisa 真正跳進鞋產業後，她才驚覺，原來製鞋從設計到售出，有這麼一大段的產業鏈要走，尤其每家廠商製程、交貨時間不一，常常現金卡在供應商跟庫存，手上沒有幾千萬資金，要維運一個品牌還真的做不起來。由於鞋業集團還掌握有股份，頭幾年 Lisa 不斷動用房貸去滾錢，把對方的股權慢慢買回來，直到 2017 年初，Lisa 終於取回公司股份。

至於當年借的保本財，在她接手 Bonbons，每個月每個月定期還回數十萬，經歷整整 20 多個月，終於把這筆貸款全部還完。還完借貸那一天，Lisa 跟另外兩位 Bonbons 元老員工游景翔、林淑芬，三人去大吃一頓牛排，感動得舉杯紅酒，大聲慶祝說：「我們公司重生了！」那個畫面，回想起來，還是非常值得哭；整整兩年，是 Bonbons 披荊斬棘最辛苦時期，至今還能記得當時多麼縮衣節食、克勤克儉，每個月十萬十萬的還。

一路走來感謝元老級夥伴一路相挺

回憶起兩位元老員工，Lisa 突然收回商場的豪氣，展露出另一面柔情。尤其是副總游景翔，Lisa 特別感謝，「如果當年沒有他在旁邊一起陪我撐著，Bonbons 絕對不會走到今天！他是這七年多來，最常陪在公司一起沒日沒夜，走過最慘澹日子，他是最重要搭檔也是創業夥伴。」

與景翔一起共事，一起把 Bonbons 搭建起來，回想起來也是一段奇妙的緣分。Lisa 拿回品牌主導權不久，當時還在思索要去哪找一起打拚的夥伴，有位算命老師對著她說，如果要合作的人，記得名字要有水，對公司會有幫助。

沒想到這段對話結束不到兩小時，就有朋友介紹景翔給Lisa認識。起初 Lisa 只覺得這個獅子座男孩特別拚，公司一片荒蕪，從系統、制度到管理，許多面都必須借重他的能力，更要親力親為辛辛苦苦才能做起來。

後來慢慢才知道，原來景翔心底也有一縷老闆魂，他過去曾創業過，但也失敗負債過，他加入 Bonbons，完全把它當作自己事業的最後一條路在拚搏。

對 Lisa 而言，他不僅是員工也是合夥人，更是陪這間公司從初始走到現在的人。有時夜深人靜，Lisa 常會想，人生有多少個七年，可以讓一個夥伴無怨無悔陪著自己往前衝，甚至後來他也幫忙出資買回 J 的股份。

過去兩人能共苦，未來更要一起共甘。

有一天 Lisa 忽然望著景翔的名字，腦海想起算命老師的那段話，突然雞皮疙瘩起來，對耶，他的姓有帶水！

另一個名字有水的員工，是多年幫忙協助 Bonbons 會計財務的淑芬，她也可說是 Bonbons 的金三角之一。

淑芬與 Lisa 竟有不算熟的共同朋友，透過 Facebook 再次讓兩人

牽上線，Lisa 笑稱這根本是「妙緣」！當時淑芬加入 Bonbons 更是經歷各種峰迴路轉，面試聊過後，卻因淑芬手機臨時壞掉，兩人一直聯繫不上，甚至淑芬都打定主意要去別家公司上班了。

「淑芬就像 Bonbons 的家管，個性嚴謹甚至有點 SOP 控，公司財務給她管，我一直很放心。」

這兩位元老，一路來都是他們陪著 Lisa 去跟廠商要錢，一起去跟客戶賠罪，一同眼看公司從負債轉而獲利。

當年加入 Bonbons，淑芬還一直無法理解，為何要還一筆費用給根本不存在的公司？因為 Lisa 扛下經營權，鞋業集團等於宣告子公司解散，匯款對象還是集團下的一個人頭帳戶。她很納悶，公司不是才剛成立不久，怎麼帳面的資產負債數字，高得如此嚇人？

即使 Lisa 知道，每個月的十萬，在大集團眼裡，可能比沙還不如，他們隨便都是用「億」起跳，可能比集團小組長的月薪還不如。別人眼中，可能覺得 Lisa 脾氣傲嬌，但對她來說，卻是做生意的人格擔保，既然當年一言既出就駟馬難追。

「這個錢還完，是對我自己交代。我說世界很小，未來還是有機會見面，我不欠人家小錢，未來在幾千億的總裁面前，在我還是可以大口吃飯、大口喝酒。我不怕抬不起頭，好像是我當初占人便宜才有今天。」

貴人降臨給財務藥方，企業體質大調養

雖然一心想讓看衰她的人跌破眼鏡，但每個人還是有自己不擅長的事。

自從 Bonbons 有一些成績，外界不乏有投資人意願入股加碼，擴張企業規模。「因為我不會算我們品牌到底值多少錢，不知道怎麼用報表跟創投說，這間公司價值……」

當 Lisa 還在糾結，要不要把股份硬吃下來？還是尋求外援？有一

天找創業好友一起上山拜拜，她原本只想走走散散心，人一進到廟裡，靈光一閃，何不求個籤，看看股份問題有沒有解？

擲筊，拿到籤一看，竟然是上上籤，她與朋友兩人一起低著頭，讀著籤詩寫些什麼，就在那一刻，彷彿神的旨意降臨，Lisa 心領神會，她頭一抬，剛好對到朋友的眼睛，沒來由脫口一問：「你要不要入股？」對方一驚，回說：「我可以嗎？是我的榮幸啊……」

Lisa 一笑，是上上籤耶！

就這樣靠這朋友的入股與自己房子再增貸，剛好把所有股份都拿回來。而這位朋友 James 就是「大姨媽」創辦人，一家台灣專注女性生理期飲品的品牌，他不僅成為股東，更因為他的專業幫 Bonbons 財務結構把脈，就像照顧女性生理期的不舒服，找解方抓藥帖，重新調理公司的財務體質。

台灣中小企業，往往很少能有專業經理人每天緊盯公司財報，看每天營運、銷售及管銷費用。不到 20 人的小企業，全公司上下，除了老闆，幾乎沒有人去研究公司的資產負債、現金流量與損益。但你真的以為創業老闆什麼都懂嗎？很多老闆其實也是仰賴會計做財務統計，其實不懂什麼叫財務規畫。

一間公司的財務體質是否良好，也就是根據財務運作的關鍵數字做為觀察，包含營業收入、營業成本、營業費用、營業毛利、毛利率、營業利益、營業利益率，一項一項去拆解、去研究，到底公司財務是否健康。

有時公司看似營業收入節節高升，但實情是賣愈多賠愈多？創業老闆雖然每天要忙許多事，但卻不能不在財務面下工夫。

Lisa 坦言：「過去沒有把細項拆解清楚，我到這幾年才懊悔，這件事為何沒早一點做？以前常覺得每個月都拚得好辛苦，報表出來一看，怎麼沒想像中賺很多，甚至下個月 10 號一看財報，才會發現，天啊！上個月好忙好累不是銷量很多，看起來生意還不錯啊，卻還賠錢！」

自從 James 成為 Bonbons 股東後，他名正言順看公司整份財報，

一步步拆解 Bonbons 財務結構，從各環節慢慢開始追蹤、統計、分析，並且達到 SOP 化程序。James 發揮專業經理人的偵探精神，讓 Lisa 從以前「每月」變成現在「每天」看財報。甚至他每天一早檢討昨天營收日報表，持續分析幾個月，針對財務細項各比例做調整。

他像中醫師，持續幫病患看脈象，望聞問切，提出解方調理，幾個月後，Lisa 就發現財務結構變得更加穩健。

當然，剛開始一定遇到陣痛期，尤其電商生意，長期仰賴廣告換營收，覺得營收要成長，廣告費一定要投愈多才能帶轉換。所以要讓財務結構健康，最容易被開刀的項目，就是網路廣告成本。以前可能廣告投愈多，營收看似飆升，但實際卻是賠錢，這就要減少無效廣告比例，也間接成為行銷部門的難題。正因為廣告費是浮動，所以 Lisa 再拆出一類，針對網路實收、展間營收及廣告費的數字，交叉比對後跑出報表，看每天投放的廣告費，扣掉貨物成本，每天營收是多少。

Lisa 分享，新的財務規畫心法，Bonbons 採用一種很有趣的模式。她算出每個月公司的固定成本開銷後，用負債概念，統計每天營業利益數字，一日一日累進，看這個月要工作到第幾天，紅色負值才會變成綠色的正數，代表這個月從這一天開始，才是公司真正有賺錢。這個模式會讓公司把它視為一種挑戰，每個月求突破，幾號會開始有盈餘，Lisa 不再是無頭蒼蠅，完全不知道公司收支到底進度到哪。

「James 算到非常精準，假設這個月到 28 號所有管銷才打平，剩下的兩個工作天，萬一遇到系統壞掉、FB 廣告出問題，那就代表這個月白忙一場。」

自從這套方法運作後，Lisa 很自豪，現在每個月調整到，可能在每月 10 日左右管銷就打平，之後做多少就是賺多少。

「業績看似一直上來，但永遠不知道為什麼公司沒在賺錢，我相信這是很多中小企業面臨的問題。」

現在 Bonbons 不只提高獲利天數，更進一步精準優化，讓淨利再創新高。

管銷財報的細看，Lisa 最大心得就是，「千萬不要小看任何一個

項目，以前要求主管要省錢，他們會覺得這東西沒多少，幹嘛這麼摳？但有財報數字後，你攤開來給他看，主管再也不能反駁，因為每個細項，每月省下來就好幾萬。」

Lisa 個性豪邁，一向不會在這上面計較，比較粗枝大葉，過去看數字都抓個大概，但真正對財務做健檢，她發現每個月的固定管銷，比以前想像都還超出 10 ～ 20%。透過管銷拆分，從薪資、包材費、電費、出差費到商品拍攝費，嚴格抓出精準數字再思考哪些成本是可以再精簡。

因為經歷這次陣痛，Lisa 才發現，原來有一些是這八年來其實可以優化，但大家總認為前人就是這樣做，延續過去習慣就好，沒有人認真思考工作流程可以怎麼改善。

她舉例，以前還在電商平台，隨貨附贈一張商品保證卡的退換貨，但現在有自己的官網跟門市，客人根本不用擔心無法退換貨；又或是給客人看的商品貨物清單，過去都額外再列印一張，但這是不是可以跟黑貓宅配的托運單整合，把退換貨說明先印在邊條，等到訂單要出去，再列印收件地址，達到一紙兩用。從保證卡到檢貨單，就是 Bonbons 無謂的浪費再改善。

供應商超給力，大膽開發新品引領趨勢

除了股份、財務結構問題，一間企業事業體營運，牽涉到生產管理、商品管理、品牌管理、行銷管理、通路管理、人員管理、資訊管理及客戶關係管理等多重面向。Bonbons 現在一年超過 500 款新品上市，對於原本是女鞋門外漢的 Lisa，如何在這幾年，外行變專家，打響 Bonbons 的美鞋名號？

她不諱言，從內衣轉戰女鞋，儘管客群都是女性、穿搭美學有關，但內衣與製鞋兩種產業運作的 Know-How 卻是南轅北轍。初次走進製鞋工廠，她馬上被老師傅識破她是門外漢。

「我剛開始去先聽，不要說太多，聽懂後再用他們方式去問。我跟老師傅們說，我就是不懂，但我很想好好推廣到市場，你好好做、我好好賣；我負責推、你負責做，你怎麼做教我一下，以後我也可以跟你分享怎麼在網路賣鞋……」

不懂就問的軟姿態，承認自己不是做鞋出身的 Lisa，因為學習速度快，又能靈敏抓住供應商的術語，反而讓師傅們逐漸對她刮目相看。「我用『你教我一次，我就學起來』的態度。一次比一次厲害，到後來對結構體、主軸、術語幾乎都懂，師傅還會調侃我說，喔，你現在很懂了ㄋㄟ……」她總是跑到第一線去問，自己親自摸、親自挑，造就她快速理解製鞋技術，聽過一次「牛京」就知道原來指的是麂皮，業內講亮片材質叫「葛麗特」。

從一開始完全不懂技術，沒有自己觀點，發展到屬於 Bonbons 的美學風格，Lisa 知道，要做品牌，首先就是看「商品力」。她不斷嘗試新的材質、新的版型，更因熟悉業態生產邏輯，知道如何跟廠商溝通，以前打版，她只能模糊說個概念，希望可以怎麼改，「自從我懂之後，我會拗他們，嘗試看看新的做法。現在很多新品打樣後，反而是我建議師傅可以怎麼調，我們一起在工廠討論新的火花。」

然而，懂製鞋技術，不代表一個品牌形象就會自然深入人心。當她從工廠離開後，要把第一雙鞋拿到市面賣，她才驚覺，開發鞋履，一邊做一邊才發現還有這麼多環節是空缺，做了一項接連有這麼多後續轉折。像是在鞋墊上要不要燙印標？品牌 Logo 銅模要去哪裡做？鞋子防塵袋要選什麼材質、尺寸？鞋盒要設計什麼風格？

Lisa 每攻下一座山頭，就發現另座高峰擋在前方，原來一樁鞋生意，不是只有開發這件事，想做品牌，就像推骨牌，第一片動了，後頭其實還有一整片積木，等著去推倒。對比在證券公司的毫無目標，Lisa 笑說：「我的潛能應該就是在那個時候被激出來，真的是每天被逼著快速成長，一個月當半年來用……」正因每個小步走穩，日後才能是累積品牌深度的基石。

從內衣女王到女鞋半路出師，Lisa 做生意非常相信「合財」，

也就是與供應商、夥伴、員工各種關係的磁場。對於 Lisa 來說，創業做品牌，除了要賺錢，有時候更是圖一個爽快。如果能遇到相當投緣、合拍的廠商，認知差異、價值觀方面能互相搭配，在創業過程是一大助力。她在商品開發過程，遇到不少鞋廠年輕二代老闆，現在 Bonbons 配合的廠商，有些更是她接手後一路陪伴長達 6 年多。

正因為找到非常力挺配合的供應鞋廠，每當 Lisa 腦中浮現各種古靈精怪的設計，廠商總是愛她的鬼點子，願意開發各種款式、材質並小量打樣，不斷測試、調整，探市場水溫。透過走預購模式，如果消費者反應不佳，第一波貨打樣就不生產。

因為 Lisa 夠「勇於創新」，Bonbons 品牌核心要素，其中一項就是：款式豐富、風格多元。其實在鞋廠裡，可以看到很多其他品牌的打樣鞋，都放在那，而偏偏 Lisa 提供的設計手稿，在每一季跟其他品牌方向很不同。

正因為她想跟其他傳統專櫃造型不同，又有鞋廠樂意幫忙開發，所以三不五時就能激盪出新的材質、拼接、鞋型。Lisa 不諱言，「我們也曾聽過其他品牌跑去跟供應商說，你幫 Bonbons 做那款喔，啊我這個也要做差不多，你稍微改一下好不好……」變成大家都在等，如果 Bonbons 這款賣的好、哪種材質詢問度高，沒多久就會有其他類似商品開始跟風。

「我們敢跟大家說，Bonbons 跟專櫃大品牌的工廠是同樣的，更因為從供應商的反應，我們真的就知道別人在學我們，很多專櫃鞋都跟著我們款式走。」雖然大多數消費者還是會有迷思，認為專櫃大品牌的設計、潮流一定是領先，所以 Lisa 早習慣被業界的質疑聲淹沒。

她說以前設計的新款，原本想搭配檔期再曝光，但那股不服輸的氣勢，為了堵哪些不停吐她們槽的嘴，現在樣鞋一拍完就上架，還會壓日期為證，「我們現在還會說，要仿的人趕快來看喔！」你的時尚顧問，滿足妳各種穿搭需求的質感女鞋，作為 Bonbons 的品牌承諾，她堅信當員工血液相信品牌的真材實料，那才是真的，員工才敢在外頭抬頭挺胸。

然而，產品力除了上部分講到的商品研發市場目標客群輪廓、需求研究、競品分析、開發規畫、設計打樣）、商品管理（商品的編號、BOM 表、目錄、改版紀錄）以及商品行銷（包裝設計、視覺主圖、文案溝通、宣傳方案、價值營造）之外，對於做鞋品牌的事業體營運項目中，更難的還在後頭：「生產管理」。

鞋業更為特別，光是一款造型的鞋，顏色就區分 3 類，而每一類的尺碼範圍又區分 7 ～ 8 種，也就是說，你今天看到一雙黑色 37 號的魚口鞋，背後倉庫的供應、庫存管理，光這款鞋的管理類目，高達快 25 種選項。所以在生產環節的管理面，包含供應管理、庫存管理、訂單管理，每一項都要深耕。

當老闆不是她比較厲害，或是天生就會，只是遇到問題，她必須自己找方法。Bonbons 下一步要從採購、庫存下手。Lisa 說，鞋子非規格品，除了顏色、尺寸還有季節流行挑戰，例如雪靴，一定是 11、12 月熱賣，如果到 12 月才跟廠商追貨，客人就不要等了。就因不是規格品，無法一次大量進貨再慢慢賣，有些材質放久也會氧化、裂化。

因此在生產管理面，Lisa 說：「做更好的商品周轉數據，每款貨賣多久、追加多長，製造週期工時算進去，把商品熱銷程度分等級，讓好賣的款式恆者有貨，不好賣的快速出清。如果調整好這部分，2018 年業績絕對可以成長 3 成以上。」

Lisa 道出商品庫存跟資金周轉的難處，她說很多消費者以為她們不做庫存，但事實是，需求大於供給，來不及有貨拿出來賣。因為商品下單跟資金周轉環環相扣，要下多少量、貨量追加時間多長，都是一門學問。每一家工廠交期時間不同，15 天、30 天、40 天不等，還要算上廠商延遲交貨的機率，這些變數，讓消費者常覺得 Bonbons 的貨預購要等很久、貨不夠賣，其實背後牽涉很多環節，比財務規畫還難。

「我希望我們未來爆單商品，永遠有現貨，也不會卡庫存，從供應商到我們再到消費者手上，一整個過程是很流暢的。」

Chapter 3

品牌再深化：訴求時尚多元「品牌就像我的人生」

　　如果要用一句話將 Bonbons 介紹給消費者，會是什麼？經歷品牌系統的共識，Bonbons 團隊找到關鍵核心，就是「款式多元豐富又舒適好穿的台灣女鞋品牌」。因此品牌承諾，也就是品牌捍衛的價值，希望為目標客群創造「妳的時尚顧問，滿足妳各種穿搭需求的質感女鞋」感受。其品牌三大核心，訴求：

1. 款式豐富且風格多元

2. 舒適好穿

3. 物超所值

　　當初品牌核心會選擇「風格多元」，也就是高跟、摺疊、平底、雪靴，在 Bonbons 應有盡有，客人可以在這裡一站式購足。當初品牌將系列設定多元，Lisa 超級誠實，她說：「真正的原因，其實是『我笨』。」

　　「一開始我不知道做品牌，原來要把自己定位這麼精準。我用消費者立場反觀商品，有些品牌針對一個品項做到極致，但我是門外漢，我也不會做品牌。原來經營品牌要專精在某一條商品線，但我割捨不了，每一條線都很喜歡，為什麼要限制自己只能做一種風格？身邊朋友穿的都很多元，我要做出所有女孩喜歡的東西。」

　　Lisa 不諱言，以前曾經歷過別人質疑，沒有人這樣在做品牌的啦！而她自己也懷疑，這樣做對嗎？但認真想過，她覺得：「我就是我，我就是喜歡這些！為什麼要因為別人覺得品牌只能這麼做，我就要跟別人一樣？」既然要做這麼多系列，更不能因為發散而缺乏重心，所以 Bonbons 每個系列發揮到極致，鞋款都要做到精、做到深，做到像別人一個品牌一條主線那麼強，而且是走在業界最前端。

高跟鞋每個系列漂亮、精緻、多變化還要走起來很穩；平底鞋又能穿的舒適、簡約好看，加上商品開發設計的強化，勇於挑戰市場新材質。Lisa 在店內，最常聽客人說：「你們家的鞋讓人一試成主顧，我輩子從來沒在一家店，可以挑五雙鞋以上。」因為在 Bonbons，高跟、休閒、涼鞋、婚鞋、靴子一站滿足，各種鞋款打中客人的味，才能與其他品牌的距離愈拉愈遠。

　　當然有些人會問，Bonbons 什麼鞋款都有，會不會說穿了就是一盤雜貨？對於別人的耳語，Lisa 認為，當自己能堅持不被別人影響，做自己，只有做到出名、做到酷、做出業績，就是對的！Lisa 自剖，她沒有做商品的包袱；也沒有傳統行銷的框架，因為依照自己無拘無束的意念，才累積成今天的 Bonbons。

　　「什麼是做品牌？『我就是品牌』，當我把每個系列優化到每一條線是主戰線就是系列。多元品牌下的系列，強大到可以敵過某個品牌的獨立系列，做大做好，你就是個品牌。」正因為如此，Bonbons 難被模仿，品牌就是 Lisa 人生的縮影，她的人生，曾經歷過八年證券小妹，每天不能穿低於八公分的高跟鞋；也曾每天背四、五千件重達十幾公斤內衣，在市場卯起來跑的舒適鞋。

　　「其他人的人生，無法經歷過跟你一模一樣的過去，品牌也是。所以，這就是我。」

回首來時路，捨棄平台亂象，品牌電商靠自己

　　Bonbons 最早的販售通路可回溯到電商平台，在 momo 開設「女鞋館」，不僅做自己品牌，還代理六個男女鞋、六個包包品牌。但卻在 2014 年，堅決斷捨離，與平台劃清界線，成立 Bonbons 自己官網。起因就是電商平台遊戲規則，你不給它下殺、對折，它就不給你版位、資源，你就沒有流量、業績。

　　但 Lisa 反問：「為什麼我們一個用生命在做的品牌，掌握在一個

平台小 PM 員工手上？動不動威脅我們，替我的商品打折、送券，看似衝高業績，但真正傷害的卻是品牌，你憑什麼？」

平台運作的怪異生態，雖讓 Lisa 萌生自營官網念頭，但壓倒最後一根稻草的，卻是當年首度登台的 ZALORA。ZALORA 在 2012 年曾來台開站，一年後無預警閃退台灣市場，這波衝擊 Bonbons 就是受害品牌之一。

當年 Bonbons 在外商平台，一個月業績可衝上新台幣兩三百萬元，Lisa 因自己人脈，從過去平台離職的高階主管打聽到消息，ZALORA 將無預警撤退。當時消息還沒走漏，內部員工還不知自己馬上要被資遣。那個月，Bonbons 整整 200 多萬的貨款，還欠在平台手上，一聽內幕消息，Lisa 嚇壞深怕公司「救命錢」，就這樣被外商坑殺捲款。

得知消息當下，她動之以情、曉之以理，讓 ZALORA 對帳的助理妹妹，一個晚上熬夜幫她把帳務報表趕出來。隔天 9 點一到，Lisa 第一時間帶著景翔跟淑芬，三人帶著筆電壯膽去辦公室要錢。一進門，還看到他們員工嘻嘻哈哈吃早餐，一攤牌，對方唯一知情的主管還裝蒜，拖延想賴帳。對方指控，Lisa 存心來鬧，卻不知她是有備而來。現在回想起這段過往，Lisa 都無法想像自己當初怎麼敢脫口而出這些話。

「我氣到跟對方說：『我告訴你，最可怕的是，等一下我會怎麼樣，我自己都不知道。妳上面 CEO 都拿綠卡，只有妳住在台灣會被我遇到，以後走在路上，妳全家都要小心，這筆錢是我們公司救命錢，只有妳可以決定把錢要不要給我，你給，我保證妳以後不會有事情，我現在就是要拿回我的錢……』當下我的眼神多可怕，我都不知道。」

對方被 Lisa 凌人氣勢震懾，於理於法，只好默默讓會計把帳轉到 Bonbons 的戶頭，Lisa 還確認錢從公司帳戶再轉到自己戶頭，才敢安心離開。

從聽到傳言到智取公司尾款，短短不到 12 個小時，Lisa 不知哪來的權謀，把所有後路都想了一遍。她甚至透過私人關係，想好，萬一拿不到錢，就讓媒體直接圍攻 ZALORA 總部做 SNG 新聞直擊。她甚

至跟媒體老長官給了承諾，如果撤退消息有錯，她會直接下跪道歉。

但這筆錢不拿回來，不是對方死；就是我方亡。歷經四、五個小時的談判、周旋，過程中充滿多少心理戰跟話術角力，若是沒有足夠勇氣的人，可能選擇摸摸鼻子，忍痛認賠。不過 Lisa 終於靠著過人的智慧與勇氣拿回屬於公司的錢，隔天，果不其然 ZALORA 撤出台灣消息攻占媒體版面。

「拿到錢後，我痛定思痛，一年內要斷掉所有平台，全心衝官網。儘管辛苦，也不要把資源給平台，我再也受不了把自己品牌的命，交到別人手上了。」

串接虛實通路，自然流量、自然互動，不打擾的貼心行銷

不靠平台，自己經營官網，首先要挖掘屬於品牌自己的流量。過去在 Facebook 紅利期，廣告隨便投隨便賺。但跟著「演算法」不斷變化，以及社群平台策略革新，隨便一個小地震，都讓觸及率如溜滑梯般嚇人。所以在行銷素材、社群互動策略，Bonbons 強化更多「天然的最好」，自然的流量觸及、自然的粉絲互動。

因應臉書演算法一改再改，Lisa 馬上想新對策，未來品牌粉絲團只能觸及 20％粉絲，其他 8 成怎麼辦？

「當 FB 只能看到自己朋友的貼文，代表朋友比粉專還重要。過去我們的舊客，就是頭號行銷團隊種子，給她們禮券當誘因，讓她主動發文標記 Bonbons，或上傳我們的鞋照片，一個人分享，等於讓她的三五百位朋友看到，她講比我講更有用！」

反向操作，讓過去到 Bonbons 粉絲團的客戶，變成主動分享到她的朋友圈，加上長期溝通策略，旗下 10 萬會員粉絲，等於是 10 萬個 Bonbons 粉絲團，推播給她的同溫層。當然，除了仰賴 Facebook，更重要的是，Bonbons 逐漸開始鍛鍊品牌的「自然觸及提升術」：

第一：Lisa 把財務結構那套數字解心法應用到行銷分析上，把現

有的流量來源，每個仔細拆解，並強化自然流量帶進來的訂單，也就是非廣告營收的來源。Bonbons 很早就開始經營 LINE@，於是，Lisa 開始降低臉書廣告成本，再去拆分非廣告營收來源，包含內容行銷的關鍵字搜尋、團購管道、企業福委、直銷媒介等各種線上、線下工具的搭配組合。

第二：要提升非廣告營收比例，勢必有適合的內容，才能跟消費者交心，創造後續的轉單績效。除了行銷、設計團隊跟時事的題材速度快，還要不斷測試哪些圖片及影片素材、版型、動態、長度、特效最合乎演算法。更甚者，Bonbons 讓全公司一起產內容，有趣的分享變成全民工作。例如小編穿搭，內部員工每個都可以是模特兒，甚至讓員工分潤，在自己的社群平台分享個人穿搭鞋照，分享員工有自己專屬編號，有轉單就能抽分潤。

第三：Bonbons 創立以來，不乏明星藝人、部落客的穿搭介紹，無形中堆疊品牌權威基礎的建立。透過她們的口碑推薦，而且還要真心愛用，沒有代言合作也願意寫文分享；外國名人前來打卡直播；舊客回購率高，主動推薦與分享給自己的親友。透過這類推薦文章，展現深度集客力道，不須靠代言人，就有藝人、網紅主動到 Bonbons 展間打卡、介紹穿搭，強化粉絲推薦的滾雪行銷效益。

就因為網路口碑推薦的累積，導致愈來愈多鐵粉私訊，詢問究竟有沒有一個可以試穿的實體店？

Bonbons 以網路起家，本無經營門市的需要，但這幾年發展起來的展間經濟學，不僅創造 Bonbons 不打擾的自然互動氛圍，更驚人的是，光這一間在辦公室內的幾坪小空間，一年的收入可以上看千萬。坪效數字比許多百貨專櫃還漂亮。

Bonbons 展間學問，Lisa 笑說：「我們一開始做展間，原本單純為了體驗，而不是賺錢。」最初為了給藝人、造型師挑品、拍攝、穿搭，直接來看一季的現貨最快，當時沒有華麗布置、鐵架高度不一、沒有特別打燈，一切從簡亂中有序。

沒想到開始有親友、朋友看鞋想直接買，才慢慢挪出七、八坪隔

出一塊區域，從沒想過要大張旗鼓做生意。

於是，開始買新櫃子、鞋架、沙發椅、燈飾，規模愈來愈大，才決定對外開放試鞋。口碑宣傳，一開始每個月 30 萬、50 萬、100 萬，莫名翻倍成長，很多熟面孔相繼帶朋友，媽媽帶女兒來。

「我自己都覺得很妙，一棟辦公室在九樓，可以做出一年千萬業績，連樓下警衛很可愛，偶爾還會跟我說，你們今天人比較多喔，牌子發不夠ㄟ……」

原來，Bonbons 所處的商辦大樓，以前沒在發放上樓登記牌，因為 Bonbons 的人流，大樓還專門讓她們做粉紅色識別牌，專屬於她們客戶使用。但對 Lisa 而言，她始終不把展間當成「銷售」的場域，而是讓客戶「感受」不打擾的服務。

「我到現在還是每天跟展間員工說，讓每個人很開心、很舒服、很親切，但是自然的親切。業績不是重點，你們 KPI（Key Performance Indicators 關鍵績效指標）是讓客戶覺得開心跟舒服，不是業績達標。」

展間背後展現的其實是強力的「品牌信任感」，每一回，消費者來試鞋、挑貨，大家到辦公室看的不是一間店，而是整間公司的樣貌。它不像一般門市、專櫃，只看到光鮮亮麗的商品，展間就像 Bonbons 的廚房，把忙碌的老闆、搬貨的員工、出貨的商品、挑鞋的客人，種種元素，自然而然，融為 Bonbons 獨特的線下銷售景致。

Lisa 笑說，那是一股很有趣又和諧的氛圍。「我們客人常常在沙發一坐就一兩個小時。客人不打擾我們工作；我們不打擾客人試鞋。」不論是蹺班的上班女郎；又或是老婆挑完，隔天帶老公順便挑 AMANSHOES 男鞋，因為 Bonbons 不打擾的貼心，反而形成獨特的體驗行銷，這是其他品牌刻意模仿，也學不來的自然互動。

Chapter 4

「Bonbons」凱爺品牌顧問輔導室

　　Bonbons 這個品牌，最強就在商品力。我一開始知道這個品牌的時候，它在一些品牌操作，很少所謂行銷販促，譬如打折、滿贈，甚至異業結盟都不多。所以很好奇，到底是怎麼樣可以做到年營業額破億的品牌。後來我深入從系統方面瞭解，我認為 Bonbons 並不是一個非常典型的品牌行銷案，但是它肯定是一個商品力結合市場的模型。

　　這個說法很有趣。我不太認為 Bonbons 擁有這一切營業額，是來自品牌行銷的操作。大部分其實是商品力與市場的 Match。從幾個角度來說，我們經歷品牌系統時候，大部分的人會在一開始的品牌核心，跌跤非常久。事實上，我認為 Bonbons 可能沒有針對具體的品牌核心，做過實際的定義或劃分。

　　如果你真的去問 Lisa 這類型的問題，她可能會給你答案是：「我們的款式豐富、風格多元、舒適好穿及物超所值。」但實際上，這樣子的品牌核心，Bonbons 絕對不會是市場唯一。也就是說，你可以同步找到市場其他的品牌，它的訴求不也是款式豐富、風格多元、舒適好穿且物超所值？所以這樣的品牌核心，一直以來都沒有獨特去呈現，那到底 Bonbons 是怎麼樣子的一個品牌？

苦熬多年終被認可，品牌結合市場累積新高度

　　這麼多年，Bonbons 並不是一開始就獲利的品牌，相對來說，花滿長一段時間，苦熬了七、八年，才有今天這樣的成果。我會說 Bonbons 是商品力跟品牌核心結合後，被市場認定的積累。Bonbons 最有趣的特點，它是一種「『倒』因為果」的美麗巧合，怎麼說？

Bonbons 一開始就不固定只做某類鞋款，很多業界以皮鞋、公主鞋、包頭鞋或上班族平底鞋，以單一項為主的女鞋品牌。但 Bonbons 反而全方位展開，這種做法的確初期為她帶來一些困擾。品牌定位不清晰，她非常需要仰賴消費者「一試成主顧」的口碑。這個積累的轉捩點似乎在 2016、2017 年，營業額大幅增長。代表這個品牌口碑傳遞出去，尤其當實體通路景氣沒有那麼好的時候，消費者在尋求第二個選擇，似乎一家電商女鞋品牌，在 C/P 值的取決，成就 Bonbons 的轉捩點，營收從 7、8 千萬慢慢提升到 1 億 5 千萬。

針對剛剛講品牌核心並不獨特這個問題，究竟 Bonbons 怎麼做出獨有的一套風格，近兩年有爆發性發展？

從剛剛脈絡延伸，Bonbons 鞋款多元系列路線，一開始看起來好像是壞事，因為不能快速建立品牌定位和認知，可是長久後，當市場擴展到一定規模時，會發現其實 Bonbons 回購率或客單價反而愈來愈高。

這背後的道理是什麼？

當你可能從平底鞋認識 Bonbons 的時候，消費者不會吝嗇自己的信任，自然而然再去買一雙高跟鞋。Bonbons 成為你鞋櫃裡，全部都可以買得到鞋款的品牌，高跟、平底、摺疊、雪靴，那對一個女孩子來說，她不會在她的認知認為，我什麼鞋只買 A 品牌，什麼鞋只買 B 品牌。對女性購物決策，她反而有時認為，我看到了就會買，不會太強調品牌意識，這件事情成為 Bonbons 第一個爆發點。

第二個爆發點，多面向的鞋款，也間接造就大部分演藝，或表演工作造型師，長久可以方便配合的品牌。如果今天拍一位藝人或拍一部戲，肯定需要的鞋款非常多元，造型師必須跑很多品牌，商借不同鞋款，但在 Bonbons 一站就能借到所有畫面的鞋。相對來說，在媒體的借出率、曝光率就比較高，包含戲劇、電視主播，不同類型的穿搭照，都可以看到 Bonbons 的露出。

品牌個性如 Lisa 本人，因真實反而更具信任感

那我們怎麼看這個品牌，其實品牌個性一開始，多半取決創辦人的個性。所以，似乎也會看到，Bonbons 是一個多面品牌，的確也很像 Lisa。她在創業路上，甚至做人處事，其實都非常多面。Lisa 在決策該有的霸氣，該有柔情時像個媽媽、像個姊姊。面對客人時候，像是一位顧問、像為人子女，總是希望把最好、最舒服的鞋留給客人。

對 Bonbons 來說，我們也曾思考這個品牌個性是不是要獨立於 Lisa，多次評估後，我們也認為，似乎還不到時候。比較有意思的是，這個品牌給客人面前的感受，其實就跟 Lisa 的個性一模一樣，所以我們也不太擔心這樣發展是不是不好。我們反而認為，或許這些客人面對 Lisa 本人，以及其他接觸 Lisa 的機會，例如媒體報導、粉絲團、網路直播，她們好像看到的是一個很真實的品牌。

可貴的是，流行講虛假故事的行銷時代，好像真實的故事愈來愈少。所以或許就會有另外一種模式，為什麼每一次 Bonbons 在溝通行銷規畫、媒體曝光，會發現 Lisa 每次上不同媒體新聞，談不同面向議題，都會多出一群擁護品牌，甚至擁護 Lisa 的婆婆媽媽及好朋友們。溯源其原因，這可能就是這個品牌夠真實。

另外，其實 Bonbons 的客層不是一般電商所認知的很年輕妹妹族群。Bonbons 一直以來，比較專注在上班族，甚至一些白領高階，或是一些婆婆媽媽、年輕媽媽等。也因這樣定位，這個品牌不需要譁眾取寵，很直接把幾件事做好，例如，款式做好、鞋的品質跟舒適做到最好，然後有 C/P 值，自然是最優先的選擇。

所以，我覺得從某個角度來說，你可以說這個品牌，似乎到現在看起來沒有個性，但 Lisa 就是這個品牌最好的代言人。

技術持續開發優化，挑戰市場口味引領潮流地位

至於品牌的基礎權威，一雙鞋如何從理性面，去怎麼證明它是耐

穿，值得投資？我觀察，Lisa 有自己非常獨到理念，仔細去拆解，會發現幾件事。

第一，Bonbons 款式多元。這該如何定義？怎樣才是多元？Bonbons，它一年可以出幾百款，甚至千款以上。這麼多的款式，分布不同系列，每個系列的愛好者都有所選擇，我認為這就是多元。

第二，有什麼款式是 Lisa 不敢挑戰的嗎？我認為她除了挑鞋的眼光獨到，她也願意每年嘗試大概 3%～5%比例，去創新做市場前端／前衛的類型，也就是俗稱一般人無法駕馭或者不敢穿的鞋。但有趣的是，這類鞋推出後，往往不會是 Bonbons 的滯銷組。因為等於在挑戰消費者的審美觀；挑戰市場的潮流接受度，無形中墊起品牌創新高度。Bonbons 到現在還真的沒有賣到剩下的大量庫存，Lisa 往往擔心的不是庫存，而是工廠來不及做。這也是一位企業家的野心高度，還願意為市場帶一些新意。

第三，Bonbons 的優勢，還有 Lisa 對鞋子舒適度的努力。可以看到她當季進新的鞋款進來時候，全公司女生每個人不同腳尺寸，都來試鞋。也就是她的鞋強調每個楦頭的舒適度、鞋楦的調整。另外，她很強調每一年技術上的提升，例如鞋墊每年力求突破，材質上要求新意。Bonbons 是很理性的實驗精神，她沒有放棄繼續精進內涵，而不是每年只在玩，鞋面更換、鞋子外觀小改這類粗淺手法。

品牌營造消費情境，完整解決使用者需求任務

除了理性面，那到底一雙鞋可以給女生帶來什麼？也就是感性的利益是什麼？

這件事反而很多做品牌的人，欠缺思考之處。在商品操作上，如果只講求 C/P 值，這其實是理性的考量。也就是說，在網路上跟Bonbons 買鞋，理性誘因包含品質很好、一站購足、常常有新款、網路購物方便，以及退貨不用擔心。這些東西在一段消費歷程，都是理

性考量。

但實際能真正驅動消費者，能夠影響購物決策的這其實是情境塑造。

驅動消費者情境動是什麼意思？不僅僅是電商領域，基本上，我認為台灣品牌在情境塑造還稍顯薄弱。這件事談的是什麼？因為消費邏輯都在為客人解決痛點，也就是販售的這件商品或服務，背負的是，必須完整解決消費者需求的任務。但這件事往往是品牌端比較少考量的。

一雙鞋可以為客人創造什麼情境？她最在乎的是什麼？如果只認為她最在乎價錢、C/P 值、舒適，這幾件事都很主觀。

我認為它是一雙漂亮的鞋，很主觀。但是行銷規畫卻不能總是仰賴主觀，因為主觀不能夠被判斷行銷效果。如果品牌把消費者拉進情境呢？也就是說，消費者選這雙鞋的時候，到底最終做選擇的背後原因是什麼？

假設，一位女孩想要買一雙去婚禮穿的鞋，這時候，情境只想到一半。後半段是，她穿一雙鞋在婚禮場合，後面的情景是什麼？她為什麼要穿這雙鞋？在這個場合，她想得到什麼？會不會是婚禮是最容易被搭訕的地方？所有單身女子在參加自己好姊妹婚禮的時候，都會對愛情重新燃起憧憬。如果知道她是這樣思考，對品牌方應該塑造的情境，就是提供她，解決這個情境任務的商品。也就是品牌提供她穿去婚禮，能大顯身手，能大放光彩，或能桃花運開的鞋款，就是這雙鞋的任務。

我認為，大部分品牌在這方面的想像或觸及的並不多。大家可能還是回歸在一件事情——主觀的認定。什麼是主觀認定？就是只要把照片拍的漂漂亮亮就好；這個模特選的漂亮就好了；把修圖修的完美就好，可是往往沒有情境。情境如果必須靠消費者去思考，那就代表這個品牌在行銷，還沒做到那個層次。

所以我們不斷在 Bonbons 的溝通中進一步思考，有沒有想過為什麼消費者要穿你的鞋？為什麼要穿 Bonbons 的鞋？

繼續挖掘後，發現消費者買 Bonbons 動機，也因鞋款造型多元，她買一雙鞋在情境裡，不論婚禮、上班、出席場合，甚至是約會，她似乎都能完成這個情境裡面的任務。而這個任務再更深層觀察，她穿這雙鞋，希望在這些場合或情境裡，獲得被關注的機會。所以 Bonbons 在圖文視覺呈現，加入一些閃亮的情境，也的確有明顯的銷售轉換，因為每一個人都希望成為別人眼中關注的那位主角。

網路流量愈來愈貴，落實自然流量拉抬品牌

做電商，很清楚現在網路的流量費用愈來愈昂貴。第一個考量是，怎麼樣觸及更多新的客人，在她們還不知道 Bonbons 的存在，這個部分做法，還是持續做流量的導入，也就是自然流量或付費流量，這個部分我覺得 Bonbons 不太會去避諱，把好的事情持續做下去，對新工具的使用，就像從 Facebook 導流，到現在 LINE@ 使用，接下來有更多數位的行銷工具，例如聊天機器人或 AI，都會在 Bonbons 的行銷考量內。

那另外一個品牌聲量的操作，行銷及公關的曝光。這方面過去對 Bonbons 其實很新，一直到 2017 年才實際使用，也為 Bonbons 帶來新的營收。透過行銷及公關，讓更多不知道 Bonbons 的人，知道她們甚至成為 Bonbons 的客人。整個品牌系統規畫，也是他們接下來要面對的課題。除了品牌行銷這部分，接下來在電商內部組織，要怎麼去專業分化，也就專業的細化。以及通路選擇，是不是執著電商通路的獨一性，還是可以進行一些實體通路或 O2O 策略，這會是 Bonbons 接下來面臨到非品牌形象上面的課題，但卻是攸關品牌發展。

近期，透過嘗試玩異業結盟方法，導入更多自然流量。我們針對品牌異業結盟，互導流量做一個實際案例，2018 年櫻花季 3 月，Magi Planet 爆米花推出櫻花白巧克力新口味，就單品或新品在市場的操作，要單為一支品項做所有的品牌行銷廣告投放，甚至媒體公關，素材會稍顯薄弱。那如何讓更多人知道這個新品呢？我們就發現其實可以找

同族群，也就是 TA（目標客群）重疊但非競品的品牌，彼此在市場差不多有類似高度的業者一起合作。

這次異業結盟，後來也邀請 Bonbons、VACANZA、蘭山麵、Shinning99 及喜舖 CiPU 本書的其他幾個品牌一起串聯。在品牌互惠邏輯裡，以前流量取得，基本上都要付廣告費，可是透過這樣方式，可以有效把彼此手上適合對方的客人，進行基礎的交換。而且非競品的情況，不會影響本身營業額，打電商團體戰，也就是在流量為王，但流量愈來愈貴的情況，用自然方式結盟，得到更大市場。

這幾個品牌結合在一起，他們手上能接觸到的目標 TA（目標客群），大概在全台灣網路觸及人數至少兩百萬人。希望觸及轉換的對象是女性，等於台灣一千多萬女性之中，這波消費資訊可以傳遞到全台灣 20％女性目標族群，彼此創造彼此的自然流量，而且低成本，這會是未來電商領域可以好好操作的模式。

指名度與溢價力，親切印象烙印消費者腦袋

我認為 Lisa 的魅力在於，她可以把品牌個性提升成一種消費者印象，Bonbons 其實是一個姊妹品牌。你要說它是閨蜜，卻沒有那麼年輕，它有一點點像姊妹的概念。有時候來的客人給她穿搭建議，有的時候跟她互動，反而有點像姊妹淘，分享新品、分享漂亮事物的感覺。有時候，婆婆媽媽、阿姨來，Bonbons 還曾有八十幾歲的阿姨親自過來挑鞋的，她說她要去旅行。也遇過尼姑三四成群，還穿著袈裟，要去寒冷地方賑災，所以特別過來買雪靴。

我覺得從某個角度來說，Bonbons 品牌印象，在消費者腦袋印入的應該是一種親切感，而想到 Bonbons 的時候，會轉化成為一種知名度。我認為，在整個品牌發展過程，不外乎兩個階段要達成。一個是，從取名字開始，開始銷售之後到大家認為你是個品牌，以及很多人認定你的品牌成為名牌的過程。我這就是第一個階段要達成的「指名

度」。

　　所謂「指名度」，也就是當消費者有痛點的需求出現時，心中第一個浮現會想到的品牌，那這個品牌擁有了消費者的指名。那品牌在消費者心中達成「指名度」後，第二個再深化過程，我認為品牌能達到的意義是「溢價力」，也就是品牌能夠在市場以更高的價格去跟消費者溝通，以至於獲得更好的毛利，再去提供消費者更好的服務。品牌到名牌之路，這就是一個正向的循環。如果以現在 Bonbons 的觀察，我覺得它在台灣女性某一客層的群眾，已經達到獲得廣大「指名度」的階段目標。

Chapter 5

凱爺：「Bonbons」繼續 ing

從高中開始打工幫忙試婚紗，Lisa 從沒想過繞了一圈，最後還是回到「美麗的事業」。

她的創業人生，曾經會被人稱做「內衣女王」，但她敢急流勇退，歸零嘗試全新的業態。更沒料到，老天幫她開了另一扇窗，從幫忙賣鞋，輾轉幾波挫折，自己有能力完整經營一家鞋品牌，上游開發設計到下游銷售客服，一手包辦。曾經是欠債的公司，進階到月光族，再蛻變成營收破億的品牌新星。

Lisa 不是灰姑娘，沒有魔法變出一雙玻璃鞋，一穿馬上變公主。她僅有的，就是靠自己的雙手，打造一雙又一雙，讓女孩愛不釋手的鞋履。但要成功需要付出相同代價，她曾為了幾乎傾頹的事業，好幾度整晚失眠；曾為了公司命在旦夕，一個人在熱鬧街角，直接坐在路上嚎啕大哭。她時而敏感、時而堅毅，有時經營生意必須展示霸氣，有時因客人感謝而感動落淚。Lisa 是千面女郎，千面風格是Bonbons。

—— 市占第一媽媽包,從部落格賣到全世界「CiPU」

周品妤,在媽媽界她有個更響亮的名字:粉紅人妻 CPU。CPU 代表著她中文名的開頭字母縮寫(絕對不是電腦中央處理器喔)。

2004 年開始寫部落格,當時 Blog 剛流行,青春正盛開的年紀,她就像其他少女一樣,率性書寫抒發內心的小宇宙。最早先定名「老少女記事本」記錄澳洲打工的點點滴滴,沒想到部落格經營愈加起色,結婚後開始用「粉紅人妻CPU」走闖江湖,轉而書寫婚姻家庭的各方趣事。

從名字就可窺見她的少女心,在網路書寫的題材從分享生活點滴到育兒心得,是台灣代表性的親子部落客之一。她的部落格瀏覽次數,累積高達 2,300 萬人次,相當於全台灣人口。然而,2018 年,她送給她的「格友」(她稱部落格的讀者為格友而非粉絲)一份禮物,或者說,是她對自己目前的人生做一個紀錄與交代,出版她第一本個人自傳《可以跌倒但不能被打倒:粉紅人妻 CPU 的噗哈哈人生》。

光從書的標題就可嗅到她鮮明的個性，但現實中，CPU 卻自認自己是個非常平凡的人。書中她自剖：「我功課沒有特別好、長得也沒有特別漂亮、脾氣也不是很好。」也許自己每天跟自己相處，對自我的認知，跟朋友或外界社會對她的認識相比，仍有些盲點。因為朋友眼中的她，光要羅列 CPU 平常到底有多烏龍事件，就細數不完──

上廁所，零錢莫名會掉到馬桶裡；小孩半夜睡到地板自己沒發覺，慌張到報警；出國前一晚，才發現小孩護照過期；開會時高舉雙手歡呼，才發現腋下衣服破了大洞；帶公婆回台北的家，要開門才發現自己鑰匙根本沒帶……各種天兵事蹟不勝枚舉。朋友開她玩笑說，你的這本書應該取名為：「我的人生是個烏龍！」

外人眼中的憨傻天兵，但對自己的事業卻意外有衝勁。可能受射手座影響，她跟老公認識不到半年就決定結婚，生小孩前找不到好用的媽媽包，決定自己開發一個，從婚姻到創業，似乎靠的就是一股「衝衝衝」。但人生有時很奇妙，隨著歲月的洗禮，彷彿有個開關，會突然讓一個人的性格造成轉變。以前做事速戰速決，創業後，她卻可以為了色布微小的校正，來來回回數十次也不感到厭倦，顯露務實的隱藏性格。

Chapter 1

創業血淚：一天只睡 4 小時的部落客、艱辛的懷孕創業

CPU 生命歷程，以部落客起家，少女到人妻，人妻到人母，2010 年創立台灣第一個媽媽包品牌「喜舖 CiPU」。創業一路跌撞，卻不改她噗哈哈性格，幾年前喜舖年營收破億，銷售據點也從台灣跨向亞歐美澳。粉紅泡泡圍繞的光鮮亮麗，究竟 CPU 還有哪些不為人知的故事？

一天只睡 4 小時，堅持 365 天天更新部落格

堅持，讓平凡顯得耀眼。CPU 直到今日，不知被媒體受訪了多少次，她說自己還是會懼怕鏡頭。自認非常平凡，要把自己的故事攤在陽光下，總覺得自己不夠格，沒有厲害到可以跟人分享。但是，也許是她的自覺，反而拉近與讀者的距離。

「我在網誌跟部落格的經營算比較真實吧，不會有過分的修圖，沒有太隱惡揚善，我沒有規定我自己一定要寫怎麼樣文章……」

早期在部落格各種主題的文章都寫，從居家布置、煮菜、泡奶茶，各種生活瑣事都可以成為她的題材。

但是僅寫生活紀錄，如何累積到 2,300 萬的瀏覽人次？

拆解背後關鍵要素，可能是來自她的堅持！CPU 曾跟幾個部落客朋友玩一個比賽，稱為「365」，遊戲規則是，每天半夜 12 點前，發一篇 300 字以上的文章，維持 365 天。幾個朋友打賭，最後只有 CPU 跟貴婦奈奈完成任務。

每天幾百字的文章，隨便寫一些小事應該不難吧？

CPU 這麼說：「這一段 365 的過程真的超級累，每天只睡 4 小時不到，而且也只是一些很生活、很流水帳的文章，不過現在回頭看覺得很有趣，想說我以前怎麼這麼幽默，好好笑喔…」

那時候 CPU 已經開始創業，第一個小孩也出生，她的一天作息，行程緊密到嚇人。早上 6 點小孩準時起床，叫醒她的不是夢想，絕對是大寶虎虎的哭聲。一早忙完餵食，接著跟著育兒時程表，忙裡偷閒才能著手處理公司事務，看訂單、做設計、回客服、通知供應商、跟「舖友」交流。

搶時間之餘還要分神哄小孩午睡、張羅吃喝，一路忙到夜半才有些心思寫文章，時間加加減減一晃眼就 12 點了。凌晨剩下 2 個小時終於只剩她的個人時間，短暫睡個 4 小時，隔天一早又是打仗的開始，日復一日，維持了一年。

「想想真的好辛苦，都不知道怎麼熬過來，白天做很多事，很多事情沒有辦法停下來。」

365 天的累積，積沙成塔，養成 CPU 與讀者之間的默契，連她的婆婆都是她的忠實讀者之一，每天看她的部落格，知道媳婦在忙些什麼。直到 2017 年她又實驗了一次，記錄二寶女兒 UU 的成長紀錄。

一整年的書寫，創造什麼成就？

「我大概知道放什麼樣的照片，寫怎麼樣的文字大家會有感覺，但我就不是為了流量在做這件事情，只是跟著我的心情走。」CPU 很自豪，她知道這不是靠買廣告賺流量，就能輕易經營起來的。「我不是那種為了要讓大家很有感動共鳴，而一定要寫出怎樣漂亮的文字的人，我就是我自己，比較像是市井小民、平凡人物，是大家生活中的陪伴……」

跑單幫微型創業，懷孕意外開啟包生意

正因為堅持與平凡人物的書寫，反而讓 CPU 建立起，姊妹淘陪伴

的個人品牌形象，當時單篇文章，隨便就吸引上千人次閱覽。但除了書寫，真正嘗試自己的事業，其實是結婚後人妻身分想打發日常時間。當時一邊寫文，一邊動腦，自己這麼愛出國，何不靠網路部落格來賣點東西？她的衝動性格，馬上展現在此，2008 年，沒多想就先去註冊公司，還把名字都先取好，粉紅色的 CiPU，右上角還有一個蝴蝶結 Logo，靈感是老公求婚送她的蝴蝶結婚戒，蝴蝶結還象徵愛無限大的符碼，具有生命力、活潑感，同時蝴蝶蝶結也有拆禮物的第二層意象。

有了公司有了名稱，CPU 開始她的跑單幫人生。貨要怎麼挑？商品從那裡來？首先就是個問題，她最早曾去日本代買包，但在拍賣網站刊登好幾個月，根本沒人來下標。也曾去代購澳洲保養品，沒算好匯率運費，忙完整批貨卻發現不僅沒賺到錢還小賠。最後走跳眾多國家，發現泰國有許多新奇設計小物，於是 CPU 三不五時就往南飛，批貨當地設計商品。

有了貨，如何在網路賣又是一個考驗。當時還不流行團購、集購，但 CPU 又不想去電商平台上架，她總覺得平台版面很商業很醜，不符合自己的美學跟商品調性。最後想出一個最好的方法，既然部落格有流量，何不就把它當成平台，靠著自創的 Google 表單，統計客人要買哪些貨、算價錢、填匯款資訊，用最陽春的方式進行。

相較現在多功能網路購物系統，回想以前的克難，CPU 笑，「超級麻煩啊，是一個非常複雜的過程，還要自己算運費，我常常沒確認對方有沒有匯款，我就出貨給對方了！」

去泰國幾次後，CPU 意外逛到當地的香氛精油店，突然驚為天人，竟有產品好、價格合理、熄滅還不會臭的香氛蠟燭。她天真到寫信給精油公司，問是否有代理機會？最後當然是杳無音訊，不過 CPU 靈光一閃，何不自己去買材料調配方，自己做自己賣？

她真的非常衝動！行動常常走在思考之前，二話不說馬上找貿易商買純大豆蠟進口原料、純精油、棉線及燭杯容器。當時根本還沒開始賣，心裡就飄出幻想：「說不定能像阿原肥皂那樣在地化的做出口碑呢！」然後卯起來研究配方資料，看怎麼調製精油，門外漢從頭學

什麼是定香劑、固定劑、催化劑，不斷實驗找出純精油和大豆蠟燭的完美比例。一時之間，家裡彷彿變成一間小型代工廠，還都想好銷售的文案：安心的溫暖——純精油手作大豆蠟燭。

但是，理想跟不上現實變化，大寶虎虎的突然報到，CPU 開始沒有閒暇工夫慢慢製作手工蠟燭。更因為懷孕，大腹便便也難親力親為出國帶貨。不過，也許天生是當老闆的料吧！懷孕後開始找母嬰商品，CPU 把腦筋動到包包上，因為轉念，才會出現日後台灣第一個「媽媽包」。

但要從香氛蠟燭到包包，完全是不同的產品設計邏輯。儘管 CPU 以前讀景觀設計，好像跟「設計」有點擦到邊，但引領她不斷開創潛能的應該說是那股熱情。

「我到現在還是這樣認為，設計它其實是一個生活的態度，設計 Know-How 並不是在於功能，而是在於想讓生活變得更美好的企圖……」她舉例，一個杯子，為什麼可以進化到很多花色、很多形狀？因為設計要讓生活變得更美好，要讓生活變得更便利。設計背後的元素，就是有一個想要進步，想要優化，想要讓生活更美好的想法。

她坦言，一開始的確不太會畫設計圖，不懂各種布料材質要怎麼結合，袋體結構這樣設計，為什麼老師傅會說這樣行不通？

「我覺得不同產業不是阻礙你的重點，而是你有沒有想要去突破，所以我很追根究柢，找很多資料、問很多人，反覆去嘗試去跟工廠溝通。我可能不會畫電腦圖，可是可以用手畫啊，用布料去搭配，很多方式可以說是土法煉鋼，也可以說是在什麼資源都沒有的時候，能不能成就，看你有多想要去做到這件事情。」

因需求而生，媽媽包橫空出世

因為懷孕，CPU 開始把心力放在找尋各種好用的母嬰產品，以備未來之需。因為自己具體需求，開始在網路蒐羅國內外產品，連原本

給寵物用的保潔墊，也變成找給嬰兒用的防水尿布墊。CPU 讀了許多育兒書，想到以後小孩一出生，每次出門都要帶奶瓶、尿布各種雜七雜八，她開始找有沒有適合媽媽用的包款。

「大部分歐美進口品牌，包包材質偏重、尺寸偏大，不太適合亞洲媽媽。我想找一個外型好看，同時機能強又輕……但那個時候，發現沒有太多包包是考量媽媽的需求，沒有我想要背的包包。」CPU 訴說自己當時起心動念的動機。

找不到市場符合自己想要的包款，CPU 腦袋的鬼點子馬上冒出各種解法。如果台灣找不到好用的包包，何不自己做做看？

於是，第一代喜舖包 CT-Bag 橫空出世！第一批貨幸運遇到好心供應商，兩種顏色下單 100 個，小量嘗試。當時她心想如果賣不出去，拿去送朋友也好。

CT-Bag 可說比大寶還早來到這個世界。

CPU 笑稱，CT-Bag 更像她自己的第一個小孩。就因還是孕婦身分，準媽媽沒親自帶過小孩，雖然想設計輕巧的空氣包，但當時把第一代包仍設定為 City Bag，也就是給遊走城市的人背起來更舒服。所以當時的目標族群，可以是學生、可以是上班族，不只局限在母親。

「第一個包其實沒有花很多時間，想要袋型很簡單、配色很不錯、很輕巧的空氣包，因為沒想到這麼多，提袋的長短，包包的比例，袋子裡面的大小，到後面才做細部的修整。」

直到 CPU 成為人母，她更細致挖掘自己帶小孩的痛點，當追著孩子跑的時候，如果有個後背包是不是更方便？

「我們在做這件事情的時候，業界還沒有人在做。因為是我個人的需求，第二個包比較是從零開始。從畫圖比例調整、外型很簡約、顏色很好搭……又不想只為了好看，卻沒有功能性。沒有人教，依我自己的喜好……我一直想要做一些新的東西，如果外面已經有的，我幹嘛做，去買別人的就好了。」

沒想到第一代 CT-Bag 銷量奇好，訂單一波接著一波，無形中強

化 CPU 的信心，開始嘗試拓展其他產品線。喜舖包 CT-Bag 進化到比較小的 Mini 版本，甚至開發後背用的 B-Bag。

「我小孩子比較大了，比較需要後背包。我覺得我追著他跑比較方便，但那個時候不流行後背包，大家覺得後背很像學生包，很 Sporty（運動休閒風）。但我們做了很多貼心的設計，你背著還是可以從側邊拿東西，裡面格子很大，東西很好找一樣很輕。當我們做出來的時候，媽媽們發現，哇，原來後背包非常的好用。」

正因為當時業界還沒有所謂「媽媽包」的概念，媽媽包一詞正因喜舖 CiPU 的茁壯，逐漸在業界訂出規格。當時市場沒有一款包，專注媽媽的需求，而 CPU 剛好是人母的角色，帶小孩過程評估自己的需求，連帶讓各種功能、目的，都是圍繞在媽媽角度來思考。

媽媽包「喜舖包 CT-Bag」的產生，看似有點誤打誤撞，但又有點命中注定，過去固定收看她文章的格友們，成為喜舖 CiPU 的第一批買家。

CPU 笑說，自己創業跟推出媽媽包其實很幸運，因為生小孩後，時間就是被小孩綁住，自然而然想的都是減少帶小孩的麻煩事。喜舖包 CT-Bag 的誕生就是為了讓媽媽生活更輕鬆一點，甚至兩年後，搭上龍年生子潮，加上部落客行銷熱潮，讓品牌口碑逐漸愈傳愈開。「也許大家看我的部落格，好像會覺得我對生活很有組織，我選擇的商品，是可以讓媽媽的生活更愉悅、更井然有序一點，也許有這樣的憧憬吧。」

天時地利的甜蜜點，打下喜舖包 CT-Bag 口碑，成為現在台灣市占率第一的媽媽包。喜舖包 CT-Bag 曾創下新品上市 6 分鐘，立刻賣出 300 個包的驚人紀錄，創業至今第 8 年，累計賣出的媽媽包突破 15 萬個。耀眼的營收成績，CPU 當時做喜舖包 CT-Bag，想的不是可以賺多少錢，一年能賣多少個包，公司要經營多大規模，反而是建立在「沒試過怎麼知道不可行」的動機。

「我其實是個很當下的人，有人喜歡我的商品，有人喜歡我替他們挑的產品，我會覺得是一件很酷事情！」正因為沒嘗試過，她的好

奇、她的行動，展現在許多面向。例如搬遷幾次的辦公室格局，都是她自學室內設計圖，一筆一畫把公司的模樣畫出來。又或是，在懷胎二寶的堅持，看出她一試再試的決心。原本就規畫希望有兩個小孩，但沒想到喜舖包 CT-Bag 事業愈做愈大，轉眼大寶已經五歲，但她的肚皮卻一點反應也沒有。

原本心想順其自然，直到大兒子的一句話，展開她一年多的求子路。當時喜舖 CiPU 正在衝刺海外市場，甚至為了婦嬰展要連站好幾天，每天搬東搬西、高來低去的匆忙。眼見二寶遲遲沒來報到，牙一咬 CPU 直接訴求醫學，經歷三次人工受孕失敗，當時她都快記不起來，到底那陣子老公每天幫她打了多少針。光取卵後幾天，她每天感受無止盡的腹絞痛及腰痠，直到醫生宣布試管著床成功，各種生理的、心理的煎熬，才稍微喘一口氣，終於盼來二寶 UU 的降臨。

Chapter 2

企業實戰：定價、通路、客群營運學，打斷手骨顛倒勇

　　也許就是她這股很衝動、很敢嘗試的決心，喜舖 CiPU 成軍這幾年，一路從網路店家，開到 2 間實體門市及 20 間通路專櫃。喜舖 CiPU 獨創的空氣感媽媽包，平均一年在全球至少能賣出超過 5 萬個。這些業界稱羨的標竿成績一攤開，外界可能猜測，CPU 對數字財務一定超有 Sense 吧？錯！她受訪時自爆：「我到現在還是月光族欸！」

　　一個品牌創業人，坦承自己至今沒有存錢習慣，何等驚人，令人不禁嚇出一身冷汗。

　　「從以前到現在，沒有在存錢，我就是月光族（笑）。我老公從我們交往到現在，他也覺得我滿酷的，都沒有在存錢。我並不是愛花錢去買奢侈品，或是把錢亂花，是我沒有那個規畫跟儲蓄的習慣……從交往到現在，我存摺都給他管，他負責幫我分配卡費，公司的財務也是！」

　　CPU 對數字的遲鈍，間接也影響到早期商品的訂價策略。「一開始商品定價定得很糟，可能成本都占售價一半以上。」她沒想到經營公司跟品牌，還有資產負債跟損益的問題。

天真的初生之犢，衝衝衝的邊做邊學

　　當時她很天真，覺得創新做出一個包，剛好符合市場需求，找到一個全新的藍海，市面上沒有這樣子的商品就足夠了。

　　但她沒認真看財報，沒有緊盯各種隱性成本的堆疊，「或許這個定價，我以前覺得差不多吧，賺個三、五百就可以了，後來才發現，

根本就不可以！例如包材的箱子包裝、退換維修，很多很多的成本，一邊開始做才發現，哇，這樣子不行，是賠錢的，賣愈多賠愈多。」

有老公 William 當助手後，幫忙拆解財務結構，赫然發現不能這樣玩。大而化之的 CPU，更有個壞習慣，常常還沒收到廠商的款項，就把貨先寄給對方，「我就是覺得人性本善，你告訴我你有匯款，那就一定有匯。」

另一方面，當時喜舖CiPU還沒有規模化，當時員工沒超過5個人，幾個人窩在小小的工作室。CPU 認為，自己專心做產品開發，把商品的 Know-How 建立起來比較重要，當團隊人力還不足就先外包，包含網路販售的通路也是。

一開始，喜舖 CiPU 先鎖定與母嬰電商平台媽咪拜（MamiBuy）合作，CPU 知道堆疊品牌的知名度，不一定要鋪天蓋地占滿各平台通路。「那時候沒有想要廣泛到很多通道，因為沒有那麼大的量，剛好她的 TA（目標客群）跟我的 TA 很合，我就放給她一家，比較像是給她們獨家銷售。」

的確平台大力協助流量轉單、金流系統，分擔喜舖 CiPU 初期的負荷。當時一加一大於二的合作，讓兩邊相互加乘，一邊贏了名；一邊賺了利，媽媽包成為平台當下最賣的爆品。但隨著團隊逐漸擴大，長期依賴平台也遭致一些風險。「我沒有辦法做自己的顧客，我想要把客服做好，想做自己 VIP 的累積……對平台來說，我只是裡面的其中一個廠商，可是對我來說，這個品牌是我的全部。」

CPU 發現，無法幫客戶即時處理訂單，甚至在跟消費者溝通過程，客戶如果找不到人處理，對品牌的印象就是減分。於是，喜舖 CiPU 決定拿回主導權，自己做品牌官網，最初始的網站很陽春，只能下單還無法統計庫存，漸漸一路演進到第二版，直到今年，喜舖 CiPU 的官網預計將優化到第四版。

會員的經營，就牽涉到客群的選定。CPU 說，媽媽包跟一般產品的生命週期不太一樣，不像服飾或食品，吃的 TA（目標客群）比較廣，各種年紀都可能是潛在客戶。但媽媽包的商業邏輯，比較像包款界的

利基市場，消費對象非常明確，甚至會買的族群，就是媽媽從懷孕生產到小孩兩歲、三歲，這幾年是黃金時期。如何在這幾年，有系統且深度的與消費者產生接觸點，創造顧客體驗路徑，進而將品牌印象及認同，烙印到客群心中，這就需要更多品牌的獨門功夫去一一攻破。

現在喜舖 CiPU 鎖定的客群主力是「千禧媽媽」，指的是 1981 年～2000 年出生的世代，這群千禧媽媽有何特質？ CPU 指出，這世代的人很在乎生活品質，音樂、旅行、健身、賺錢很重要，但生活一樣很重要。當了媽媽後也一樣，教養小孩很重要，但維持顏值一樣重要，她們會去種睫毛、拍孕婦寫真、熱愛分享，這是上個世代媽媽鮮少嘗試的。千禧媽媽很辛苦的育兒，但也要看起來是漂漂亮亮，而這件事正也是喜舖 CiPU 成立之初，希望傳達的品牌價值。

好巧不巧，喜舖 CiPU 的品牌 Logo 在 9 年前成立之初，就選定以粉紅色為基底。然而，就在 2018 年，Millennial Pink（千禧粉）一時之間躍上各種時尚版面，成為全球關注的新風格。紐約雜誌更把各種粉色定調為千禧粉，象徵屬於千禧一代的獨特色彩，號稱「這是一個平凡而真誠、摩登又懷舊的顏色」。

沒想到當年喜舖 CiPU 成立之初，CPU 心想，誰說媽媽的東西一定要暗沉，所以她特地選了一個粉色，凸顯媽媽可以很少女，也能夢幻甜蜜且溫暖的。而時尚就是如此奇妙，經過快十年的循環，粉色再次成為焦點。CPU 說：「我們會重新溝通粉紅色的意義。粉紅色可以很溫柔，也可以很堅強；可以很有能力，也可以很包容。她是一個很有態度的粉紅色，就像千禧媽媽，很有能力照顧一切，但又可以很溫暖很愛自己。」

創新設計 & 貼心服務，讓每個包充滿媽媽和寶貝的回憶

既然喜舖 CiPU 是台灣第一個媽媽包品牌，身為業界第一個先鋒，在市場的著力點優劣參半，可以有先進者優勢在市場圈地，甚至各種

活動都是創舉。但劣勢也不少，因為有商機自然抄襲模仿的後進品牌不會少，別人找上同個供應鏈，抄襲賣低價、賺快錢，如何墊高品牌價值，就是新的考驗。

「我們試圖站在一個最前面的位置。」但一問她做過哪些母嬰業界的創舉，她搔搔頭：「說太多了ㄟ，真的想不起來。」

隨意細數，在百貨專櫃做互動牆、媽媽包賣到海外市場、舊包維修到府收送、推出親子包、找藝人部落客行銷，甚至為了減輕媽媽帶小孩的壓力，舉辦推車電影院、粉紅親子趴，各種目的都是為了成就「媽媽優先」（Mom First）的品牌承諾。「做別人沒有做過的事情」，創新人人想達成，但不能只有口號，必須靠各種行銷策略執行。

CPU 分享一個故事，曾經，有個舖友媽媽，她的包壞了，寫信給客服說想維修。但那個包是早期的款式，很多配件已經停產無法更換，甚至喜舖 CiPU 承諾願意換一個新包給她。但媽媽客戶堅持不要新的，她一定要把這個舊包修好。

喜舖 CiPU 的客服來回溝通幾次，真相才終於大白，原來那個包包是這位媽媽生第一胎寶寶後的媽媽包，不幸的是，後來孩子成為小天使。儘管媽媽後來再次懷孕成功，但那個包代表著她與第一個孩子的聯繫，無論如何她都想保留下來。「後來我們把這個包拿回來，找了各種方法，終於幫她修好、清洗好再還給她。我們自己也覺得很感動，能陪她走過這一段新手媽媽的旅程。」

「品牌，不只是賣商品，很多時候我們是陪著媽媽，陪著她的小孩從出生到長大，包包，變成一個很重要的心靈陪伴之物。我們希望可以成為陪伴媽媽的那個位置。」

如果要剖析喜舖 CiPU 持續領先業界的 Know-How，有兩項因素，是他們持續保持競爭力的最大優勢：「創新設計」、「貼心服務」。而這兩項同時也是喜舖 CiPU 品牌核心三寶的其中兩項。

以創新設計為例，2015 年，喜舖 CiPU 推出全新的材質包款，選用 ECO 環保紗做成 RePET 布料（環保再生聚酯纖維），可能消費者不在意是否環保，甚至只認為怎麼價錢變貴了。但對於 CPU 來說，「我

覺得環保是一個必須要做的，做對的事情、好的事情，雖然花很多錢研發，雖然成本變高，也許不是每個消費者都在乎這件事，但我認為這是遲早的趨勢，也是品牌重視的價值。」

當然在功能面，喜舖包 CT-Bag 做出許多其他創新設計，包含多收納分層格、超輕量 500g、底層防盜、容易拿取、各種花色讓媽媽好穿搭。因為不想跟其他品牌一樣，所以持續拉開與其他競品的距離，當某些設計逐漸成為標配，不再獨創的時候，CPU 逼自己不斷為品牌灌注新的元素，總是要再領先別人一步。

另一項品牌核心是貼心服務。當媽媽買喜舖包 CT-Bag 後，馬上獲得高於業界 4 倍的保固期，同時在保固期內可獲得免費到府收送維修，因為媽媽平常育兒已經夠忙，能夠在小細節體貼媽媽，就是喜舖 CiPU 想展現的服務。服務還展現在門市的獨特，為了讓媽媽可以喘口氣，稍微逛一下自己想要的，各門市的一小角打造過各種樂高牆、氣泡牆、畫畫牆、磁鐵牆，各種益智型互動玩具，因為 CPU 同樣身為人母，她知道放一台 iPad 就可以讓小孩安靜，但喜舖 CiPU 不要做這些事。

「我會覺得妳是在乎親子育兒品質的媽媽，妳也同樣會在乎小孩子的教養過程，希望在這個小小的場域轉移小孩注意力，買或不買都無所謂，只要讓媽媽在這邊感受是很輕鬆的空間。」

建立各種屬於媽媽的年度活動，積極與舖友互動

從商品到服務還不夠，為了持續領先業界，喜舖 CiPU 更默默建立各種屬於媽媽的年度活動，試圖將品牌與媽媽消費族群的連結，成為一種品牌高度的傳統。例如粉紅親子趴，一年一度專門為了媽媽所舉辦的活動，表面是親子活動，但最終不是為了讓小孩開心，而是給媽媽一天放鬆、快樂，與朋友一起分享育兒經的自在環境。

「這也是我們的創舉，野餐趴活動如果只有一年，那就只是活動，當它開始舉辦第二年、第三年，它就是品牌的傳統。」從 2015 年開始，

參與會場的媽媽小孩人數，一開始只有一兩千人，到 2017 年第三屆，親臨人數已經接近破萬。

甚至在活動的氛圍建構下，透過品牌的五感六意象徵，從粉紅色少女心的布置視覺；噴灑甜橙香氛味的嗅覺；現場小孩叫「馬麻」的聲音，躺在懶骨頭枕頭彷彿摸到雲朵的觸覺，各種五感，在當天就是要堆疊起「陪伴」的意象。讓媽媽們感受到，身邊有人貼心的陪伴著，而喜舖 CiPU 就像那個為她著想媽媽姊妹淘，帶著暖暖的關愛陪伴著。

一場盛大活動，少說也要燒掉公司上百萬的成本，當天這麼多媽媽朋友參與，會場大可以不斷推銷商品，一天內至少能賣出上千個包，營收賺飽飽。但喜舖 CiPU 選擇不做這種事，單純讓粉紅親子趴成為鋪友交流共享的時刻，不刻意與銷售產生連結，更顯品牌的高度。

「如果企業只追求某個業績才叫達標，我覺得那是做買賣。我們是做品牌，但不是買賣。營業額固然重要，但我認為建立品牌很長遠。能夠讓這個品牌持續的進步、優化，然後愈走愈穩，能夠觸及的面向愈來愈廣，大家對這個品牌的信任跟認識，也才會愈來愈多。」

正因為網路出現、智慧裝置的普及化，連帶讓人們在接收品牌資訊及消費習慣也不斷變遷。正如菲利普·科特勒（Philip Kotler）等人所撰述的《行銷4.0：新虛實融合時代贏得顧客的全思維》，描述行銷1.0走到 4.0 的差異，在喜舖 CiPU 品牌本身也能看到行銷策略，在這八年來的持續轉型。

如果要簡單描述行銷 1.0 到 4.0 的差異，行銷 1.0 是以「產品」為核心，品牌行銷目標只要把產品賣出去就好，顧客是誰並不是最重要的事。行銷 2.0 是以「消費者」為導向，消費者開始希望品牌滿足他們情感上的需求。所以品牌以創造獨特體驗、驚喜方式，行銷訴求轉向一對一的關係。

到了行銷 3.0 則進化到以「價值」為目標，社群媒體更普及，消費者也關心品牌理念及追求的價值是否與自己相符，品牌進行行銷活動，更強調企業的社會貢獻。往下一步到行銷4.0則是整合「虛實通路、體驗」，消費者對品牌印象比以前更依賴朋友、網友的意見，品牌更

著重在社群的經營，從內容行銷、人本行銷、參與行銷、全通路行銷，都是品牌創造與消費者的多樣接觸點。

而喜舖 CiPU，設計的媽媽包一開始便鎖定 2.0 的「消費者」導向，針對媽媽族群找到她們生活所需。而喜舖 CiPU 除了在商品力的精進之外，後續推出環保包款，這就加入行銷 3.0 的元素，提升了品牌的價值，而非單純拉抬商品價格。而到了 4.0 階段，喜舖 CiPU 更在媽媽社群，提供各種虛實體驗活動，親子趴、門市互動牆、到府收送，都在深化商品及服務的整合，創造與消費者接觸過程更多品牌個性的傳達。

尤其是千禧世代媽媽這群喜舖 CiPU 的主力消費者，在《怎樣賣東西給年輕人？新科技、新媒體、新語言，跟千禧世代消費大浪變成同一國！》一書中，描述她們是一群習慣對外傳播自己想法及經驗的消費者，樂於在網路或親友之間幫產品、服務評分，習慣在社群媒體、部落格搜尋資訊，也會參考 Google、Facebook 其他消費者評價。

而喜舖 CiPU 明確知道這群人的消費習性，更試圖在媽媽圈做到業界的意見領袖，不僅跟客戶交心，更是讓客戶主動幫品牌說話，成為品牌傳教士，也是《行銷 4.0》提出「5A 顧客體驗路徑」，從認知（Aware）、訴求（Appeal）、詢問（Ask）、行動（Act）到倡導（Advocate）。每位舖友不僅有強烈忠誠度，更願意在生活中主動「倡導」喜舖 CiPU 品牌及其價值。

一個包賣全球四大洲，不擅溝通不諳世事傷透她的心

2014 年喜舖 CiPU 開始往海外市場發展，從日本、香港、新加坡、馬來西亞、泰國的亞洲線圈地後，開始跨足歐洲地盤，受到英國、德國的媽媽青睞，甚至美國、澳洲也能看到喜舖 CiPU 的身影。2017 年更成功進軍時尚大都法國巴黎，當地開設專賣店，搶攻時尚媽媽心頭好，在全球四大洲，累積不少媽媽舖友。

「不滿足現狀」是 CPU 往國外走的動機，既然產品在台灣經過這

麼多媽媽的考驗測試，如果只在亞洲是不是有點可惜？一股「去外面試試看」的衝勁再次牽引 CPU，外貿交易不懂沒關係，先去國外參展長長見識，看看市面。

「一開始很慘啊，根本沒有人鳥我們，初期都是去做開心而已……」國情不同、需求不同、銷售方式也不同。「我們以為適合的，在歐洲根本不買單，我們覺得那種款式應該不受青睞，但在美國卻超喜歡。」正因為 CPU 堅持親跑第一線，不靠經銷的二手資料，CPU 至今每個月幾乎有三分之一時間當空中飛人，自己當市調員看各方市場反應。

「各國媽媽喜歡風格差異很大啊，歐洲媽媽比較喜歡深色、喜歡簡約，包包輕不輕，他們覺得不錯，但不是他們最在意的點。日本媽媽呢，她會覺得有些包款太大了，東京生活空間比較擁擠，媽媽隨時要擠車子，所以就要選擇尺寸小的包包。至於東南亞國家的媽媽，她們就喜歡亮色系的樣子。」親自耳聞需求，知道各地媽媽的內心渴望，才能在開發過程，有更多的想像，最終才能在產品形象做調整。

從跑單幫到初期成立品牌，全靠 CPU 一個人扛起責任，老公 William 只是從旁輔助。他是台大資工所畢業的高材生，從一個科技公司的 PM（Program Manager 硬軟體專案經理）工程師，捨去正職加入媽媽包團隊，也需要一點勇氣。夫妻共事，更是新挑戰的開始。

對於一個工作進度按部就班、溝通協調安排妥當的 PM 人，看到 CPU 在工作上的天馬行空，這位空降軍官不僅要練習熟悉新隊友，更要習慣老婆創意的衝擊。CPU 說：「我是那種有十塊可以吃十塊，剩一塊可以吃一塊，甚至我也可以不要吃的個性。但是如果帶著一間公司，就不能要求大家都跟我一樣……」這時，就需要像 William 這樣理性的人監看營運狀況。

從財務規畫、倉庫管理到系統開發，William 成為喜舖 CiPU 另一隻重要的腳，用嚴謹、保守、細節，制衡 CPU 的射手座性格。

以前下班後才見到面，現在同進同出辦公室，難道不會產生更多摩擦？ CPU 這時就顯現她高 EQ，「我們一開始就有先講好，不能因

為公司關係，把情緒帶回家。如果公司影響到兩個人的感情，那我們就不要一起做。」因為忙碌，反而成為彼此的補位助攻手，因為共事，反而知道對方到底在忙什麼。

電影《高年級實習生》就像許多女創業家的縮影，安海瑟薇（Anne Hathaway）飾演的女強人，面對事業與家庭，非得只能擇其一的單選題嗎？夫妻同一屋簷辦公，似乎提供單選題外的第三選項。

William 加入喜舖 CiPU 第四年，現在 CPU 把最終決定權交給他，因為她知道：「他是非常有能力的人，講起來他比我聰明很多。責任感、邏輯跟謹慎判斷程度，也許對公司從 1 到 100 更適合，我比較適合從 0 到 1。」

有老公的加入，讓喜舖 CiPU 的營運注入新的契機，海外市場的補網，這幾年也慢慢撈回漁獲。自認超級平凡甚至到天兵程度的 CPU，幾乎可堪稱「人生勝利組」的代表了。彷彿她想要達到的目標，沒有一項可以難倒她，唯獨管人，成為她事業生涯的罩門。

「我也曾一度非常封閉。我不知道我現在跟你講話，你轉過去會跟別人說什麼。也許這不是我的本意，但我不確定你會怎麼在外面怎麼說我。我覺得這類事太可怕了，所以我開始封閉自己，在辦公室不太敢跟大家說話，也不太想要跟大家接觸。想要保持一點距離，這段時間我很不快樂，我覺得我似乎不是我自己！」

正因為 CPU 從不對人如此，她一直很難體會，為什麼要在網路公開地方，抱怨老公、抱怨朋友、抱怨客戶，也許只是一時想抒發，但也會是誤會的開始，甚至被別人拿來當茶餘飯後的閒話。

因為跌了一跤，她知道自己永遠當不了那種高高在上、擺酷臉的老闆，因那就不是本質的 CPU。儘管曾被員工擺了一道，在外頭煽動、放黑函，當老闆的人也只能自己默默消化，練習百毒不侵、練習放下學習承受。

「我相信人是有選擇的。」有一天她突然茅塞頓開，解開了自己身上的結，「我覺得不應該一朝被蛇咬，而去改變我自己。我自己調適之後，有一種重生的感覺，人不能因為一次失戀，就永遠不去談戀

愛吧！我知道可以選擇，選擇變成更好的人，選擇跟舒服的人在一起，我自己心理準備好了，就不再怪我自己、封閉我自己，反而得到真心的夥伴、更相信我的人。」

Chapter 3

品牌再深化：客人挑品牌，品牌也在挑客人

喜舖 CiPU 這個品牌很獨特，因為創辦人的身分非常多元，是部落客、是設計師、也是雙寶媽。先有「粉紅人妻 CPU」的個人品牌，接著才產生喜舖包的品牌──喜舖 CiPU。

她過去試圖區隔兩者，在部落格，不太過度推銷自己商品；在品牌官網，鮮少渲染創辦人。「到了一個時間點，我就很專心經營這兩個品牌，甚至試圖稍微分開一下，不要讓這兩件事情掛得這麼緊。我覺得這件事情是對的，品牌歸品牌，個人歸個人，它們可以互相加分，卻也是獨立的個體。」

雖然有差異，但兩者仍有一些隱性的連結，就是創辦人個性與品牌個性，兩者相當一致化，同時保持始終如一。沒有因為外界開始有了競爭者，就突然讓價格浮動；沒有因為國外競品的加入，就改變創業的初衷，隨意擴大客群。

如果把品牌個性做拆解，有所堅持、負責任、在意細節、重視生活品質、樂觀、有愛心、幽默感、很會轉念、有耐心、偶爾厭世，這幾個元素可以說就是 CPU 與喜舖 CiPU 的共同交集。在 CPU 眼中的舖友，她認為不論是職業媽媽或全職媽媽，這群人是獨立新女性，就算有了小孩，還是努力過想要過的生活，想要讓生活可以更美好，願意去付出、去營造的生活哲學。

「我覺得人們在挑品牌，品牌也在挑自己的客人。與其要一萬個人都知道你；還不如一千個人很喜歡你。喜舖 CiPU 不是要做很廣，大家都要愛我的那種品牌，但是我們很專心做自己，然後很認同我們的人、喜歡我們調性的人，自然就會靠過來。」

因為認同，所以靠近。如何取得認同？最大原因是：喜舖 CiPU

的緣起不是嗅到商機、很好賺，而是來自內心最原始的需求。

很剛好 CPU 也是媽媽，為了符合她的需要，同時也照顧到新手媽媽族群的需求。市面上有一百種包包，但卻沒有針對媽媽需要去做微調，而喜舖 CiPU 正站在「替她們著想」的位置，找到以前沒人發現、沒有人做、沒有人照顧到的。加上 CPU 對這件事充滿熱情，為了讓自己生活可以更方便，在開發新產品及相關服務模式，因為執著，自然而然是不斷從媽媽族群的角度出發，想的都是如何更體貼媽媽、幫助媽媽。

不過，從註冊公司時至今日，也將近快 10 年時間，服務價值可以不變，但品牌與外界的溝通策略，卻不能一成不變。不僅在品牌 CI，預計將有新一波的調整，注入更與時俱進的元素。對內的品牌傳達，也同樣需要做內化的工夫。經歷品牌系統的整理，CPU 譬喻：「這個歷程，好像你準備了很多很多的菜，我知道你以前喜歡吃什麼，怎麼從小怎麼長到大，我知道你哪個時期發生什麼事情。可是，我現在要端出一盤菜、辦一個 party，要怎麼讓人家一看就可以感受到是喜舖 CiPU ？」

品牌價值必須由內而外撐起，而品牌成立八年，在這個時間點，很適合做重新的整理。整理，也是凝聚共識的過程，讓不同時期加入的員工了解，原來喜舖 CiPU 的品牌核心是這些，原來 CI、VI、專櫃裝潢、參展形象經歷幾次大調整，原來有些堅持是來自品牌的個性。過程當中，也讓 CPU 聽到團隊大家對品牌的額外期待與想像，因為聚焦有共同語言，不論是形象、行銷、客服，對外的品牌傳達也才更有一致性。

訴求「媽媽優先」：Happy Mom,Happy Journey ！

喜舖 CiPU 經歷品牌系統的整理後，喜舖 CiPU 在品牌核心定調在媽媽姊妹淘、創新設計、貼心服務，品牌象徵也很明確，就是以媽媽

優先（Mom First）為主調。不過喜舖 CiPU 在產業板塊上，卻是一種變形體的存在。

CPU 自我分析，「我們不是傳統婦嬰產業、不是買賣業，也不是可以在忠孝東路砸錢買廣告的品牌商。既非純電商；也非純實體，站在一個很特別的位置，無法被定義。不一定要局限要在什麼位置，喜舖 CiPU 就是邊做、邊摸索、邊發展，跟我個性一樣很 free……」

那如果說，做買賣的 KPI（Key Performance Indicators 關鍵績效指標）是看年度營業額，那做品牌的 KPI 是什麼？

CPU 覺得這個問題似乎很難回答，「這我也在思考，因為設計、品牌這件事情很主觀，有人喜歡香奈兒，有些人喜歡 LV。那只是說，我們在自己品牌溝通過程，有沒有做到自己的承諾？例如媽媽優先、在意環保，我們是不是一個說到做到的品牌？大家對喜舖 CiPU 的認同，對喜舖 CiPU 的感受，是不是跟我們想傳遞的品牌文化，是很紮實有一致性？」

如果說，今天有人提到法國精品，腦海中會出現香奈兒，那如果有人懷孕生小孩，提到媽媽包，能不能第一反應就會想到喜舖 CiPU ？

為了達到這麼目標，把媽媽擺在第一位，捧在手心，就成為喜舖 CiPU 對所有消費者承諾。

而「媽媽優先」又是何種概念？首先，喜舖 CiPU 不是單純做到服務媽媽優先，而是翻轉過來，讓媽媽意識到：「妳自己要告訴自己，媽媽優先，先顧好媽媽自己的情緒、感情，才有能力去照顧家人。」

也因此，喜舖 CiPU 過去的標語才會主打「Happy Mom,Happy Life!」意味先有快樂的媽媽，才有快樂的人生。而下一段喜舖 CiPU 的標語，從「Happy Mom,Happy Life!」再進一步轉化成「Hi, lovely journey!」進而直接強調人生是一段旅程——媽媽有時沒辦法控制外在因素，有時就是會意外踩到屎，有時就是會忘了帶傘被淋濕，但每個當下，都是組成媽媽旅程的片段，這條路無法回頭，只能每個當下記得照顧媽媽自己的情緒。

「我覺得這個就是我的人生觀，也灌注在喜舖 CiPU 的品牌精

神。」媽媽這個角色很獨特，CPU 回頭看到自己的媽媽，行事作風再新潮，骨子裡就是很傳統的東方女性，不斷付出，但往往在家族裡是那一個「做到流汗，嫌到流涎」的人。尤其我們的社會長期對媽媽要求很多，但卻往往要媽媽不能求回報，千禧媽媽要顧家庭、要顧事業、要顧小孩、要服侍公婆，但卻沒有人好好在乎媽媽的心理感受。

「我們想提醒媽媽要記得照顧自己，『你要意識到讓自己先快樂，才會有快樂的家庭，才有更快樂的教養方式！』我覺得反而是這幾年這種提醒，有快樂的媽媽，才有快樂的家庭這件事情，就是我們率先開始提倡的。」

世界唯二難搞客人：賀爾蒙造成煩躁的媽媽

提倡媽媽優先，希望媽媽要先有意識，照顧好自己的情緒，才更有心力與愛灌注給小孩與家庭。但不代表所有的媽媽，都是溫良恭儉讓，當然也有很「奧」很無理取鬧的媽媽，講話不客氣、脾氣很差的消費者，喜舖 CiPU 沒有少遇過。

CPU 做生意這麼多年，「也許最有挑戰的客人就是媽媽跟新娘。」新娘心態可以體會，一輩子一次的事，一定會在意各式各樣的小細節。但媽媽為什麼會難搞呢？很多時候原來是「賀爾蒙」的影響！

CPU 分享親身經驗，「懷孕卸貨前三個月跟生完的三個月，超想罵人，每天都超不爽，脾氣很差很不耐煩。三個月後，突然有一天，我覺得我好了，我可以好好講話了。」就是這樣的自身經驗，讓她意識到，社會對媽媽少了很多的包容，因為自從小孩出生，根本沒有辦法好好的睡一覺。現在她不是原本的她，講話這麼大聲，情緒很激動；很多時候就是被荷爾蒙控制，不代表媽媽永遠是這樣子。

她前陣子聽到身邊朋友一個悲傷的例子，一位媽媽生雙胞胎有產後憂鬱症，小孩出生還沒滿半年，家人都盯著她，某次家人才離家買個東西不到幾分鐘，一回來就發現那位媽媽在家上吊，救不回來了。

「如果我們多一點包容，對媽媽好一點，也是一件好事。喜舖 CiPU 站在這個立場，加上我們客服都是媽媽，她們可以理解，當過媽媽這個過程的辛苦。希望讓媽媽今天的心情、今天的生活，可以過好一點點。」

網路的客服回應，每週檢討特殊案件，提出來討論如何做個案處理，而在實體門市的規畫，更展示喜舖 CiPU 體諒媽媽的一面，包含互動玩具、樂高積木牆，甚至放個小椅子，都讓媽媽進到一個很親子的舒適空間，她不一定要消費，但可以在裡面稍微喘口氣，稍微逃離一下。

曾經也準備了一個概念性的空間──「CiPU LAB」讓小朋友可以在裡面玩，媽媽可以在樓上按摩、做睫毛、喝咖啡，讓媽媽有個喘息的空間，粉紅親子趴也是同樣的概念。這些細節也在證明喜舖 CiPU 的品牌核心之一：媽媽姊妹淘，喜舖 CiPU 懂你，因為理解與陪伴，當你需要的時候我在，而且是一路陪伴媽媽的成長。

因此在品牌帶給消費者的價值層面，有感性與理性兩種。在理性方面，喜舖 CiPU 一路以來希望做到幾個特質：

1 喜舖 CiPU 媽媽包功能強大、輕巧、耐用，分別獲得結構、布料等專利證明。

2 包款安心保固、保固期內收送免費，材質佳可防潑水、輕量、全包可清洗且環保。

3 一包多用，除了媽媽包，後來推出親子包、爸爸包款，不只是媽媽可以用，爸爸、上班族，各老中青男女族群，其實都可以背。

感性方面，不再那麼訴求功能的比較，反而是挖掘消費者更深層的心理需求及價值：

1 第一層滿足媽媽們外在搭配需求，包含明星穿搭示範，作為媽媽穿搭的參考。

2 第二層堆疊到專屬媽媽的貼心服務，從貼心、滿足、安全感、保固到滿足購物欲，各種心理因素的需求、補償甚至犒賞，媽媽從中獲

得從容感，創造育嬰生活過得更輕鬆的 Lifestyle。

3 到第三層，認識喜舖 CiPU 彷彿心理上獲得支持自己的好姊妹，消費者會覺得真的交到一個姊妹好朋友，喜舖 CiPU 就像一個形象，告訴你待產包要怎麼挑？遇到育兒問題如何找到解法？無形中強化喜舖 CiPU 的姊妹淘陪伴的品牌印象。

Chapter 4

「喜舖 CiPU」凱爺品牌顧問輔導室

　　如果說，要我用很簡單的字詞去形容 CPU，我覺得她是一位夢想家（dreamer），她真的很努力把每一個 dream 變成真實。在初期見到她的時候，會認為她是一個非常非常活力充沛、積極、熱情的一個女孩，老實說 CPU 不像媽媽包的創辦人，她看起來不像媽媽，我反而看到她身上的氣質，很像大學生女孩，積極擁抱她自己的夢想。

　　我很吃驚的是，她一年要出國二十幾次的情況，怎麼能夠保持著這麼好的體力跟精神。所以我會說她一定是個 dreamer，她若不是在追求自己夢想，不太可能有這麼高度的能量，所以她讓人覺得很像一個核能發電廠的熱度。可是實際在深入瞭解這個女孩的時候，不得不欽佩她，她在不同角色裡面的變化。

　　從某旁觀者角度去看這女孩的時候，有時候會認為，她真的很射手座。也就是她變幻莫測的個性，除了像我們身為第三方顧問之外，我認為她的丈夫、她的同仁，還有她的朋友，從許多面向都會感覺到這個人的腦袋轉速很快。因為在搭配不同的角色時候，她必須做出的事情不同，所以有時候我會認為她是具有速度感、滿跳躍的人。

媽媽包高「指名度」，創造品牌自我溢價力

　　喜舖 CiPU，這個品牌滿特別的是，以媽媽包著稱，但又不僅只是媽媽包。很多時候品牌是因某一個東西出名，同時帶領消費者去看其他的商品，而喜舖 CiPU 就是以商品起家的一個品牌。這個包包，好用的部分就不用多說，它在媽媽包的地位相當於媽媽包的香奈兒、愛馬仕，品牌具備市場肯定的「指名度」，因為大家都知道喜舖 CiPU

是媽媽包界的第一個品牌。

那第二個階段觀察的是，品牌創造後續「溢價力」的部分。從品質、從服務的角度不由分說，這些東西都是喜舖 CiPU 成為媽媽界知名品牌，很重要的元素。從一個角度不可諱言，如果有兩個階段是「指名度」跟「溢價力」，「指名度」的部分 CPU 本身是粉紅人妻、親子部落客的，或許對喜舖 CiPU 品牌的「指名度」有一些幫助。

但是我不認為這樣做法能夠長期供給品牌「溢價力」，所以我認為這個品牌的「溢價力」，是自我創造的。這個部分好玩的是，在所有輔導的品牌裡，喜舖 CiPU 應該是在做品牌「溢價力」，最到算是非常成功的一個品牌，因為創辦人有這個概念，所以在定價策略上就可以看出整個品牌的走勢。

品牌塑造概念一致，陪媽媽度過生產憂鬱的窗口

CPU 是一個由內而外，塑造品牌有統一概念的人。第一個在品牌核心，可以深刻感覺到這個品牌，不論是創辦人還是從這個品牌的溝通角度，都是認知消費者是媽媽這個角色當下的姊妹淘。她並不像是那種好像十七八歲，嬉笑怒罵，每天只是討論去哪裡玩的姊妹淘。她反而很具體地成為一個形象，就是媽媽族群的姊妹淘。

這件事情我有一個很真實的感受，之前我把 CPU 的書送給一些記者好朋友，其中有一位記者媽媽跟我說，她說她非常謝謝我送她這本書。我問為什麼？她說因為 CPU 在很多媽媽的眼裡，是陪她們度過產前跟產後憂鬱症，一個很好的訴說的對象，就像自己的姊妹一樣。

我那時才意識到說，原來喜舖 CiPU 在某一些角度，它其實是媽媽人生，在面對一個全新階段的陪伴。因為你沒當過媽媽，她就像你，第一次買房子、第一次結婚、第一次生孩子，她在你人生里程碑很重要的時候，但卻沒有什麼人可以告訴你，該怎麼做。CPU 成為一種媽媽們的精神慰藉，一種傾訴的對象，連帶這個品牌成為媽媽姊妹淘的陪伴形象。

沒有停滯成長，專注為媽媽客群服務

當然中間有很多細微的服務模式，是圍繞著這樣的品牌概念去成就。譬如對於客戶服務，如果有需要收貨，喜舖CiPU一定宅配、取貨，因為知道媽媽的時間其實不屬於媽媽，在家裡如果要她帶著孩子出門，其實不一定方便，那最好的方法就是到府收送。而隨著CPU第一個孩子的長大，喜舖CiPU產品線也跟著孩子一起成長，這是一個媽媽角色，對自己品牌的付出，我覺得最令人感動的改變。

大部分的品牌都會認為，我做的這個東西好賣，那就繼續做這個商品就好。但是，CPU卻願意為了孩子的長大而改變，後來這幾年有第二個孩子，她又有另外一種媽媽跟女兒中間的感受，啟發她研發更多後續商品出來。所以我更加認為，CPU她就是一個夢想家，她一步一步築夢非常踏實，而且連帶商品也因為如此展現出她個人的風格。

品牌系統討論中間比較感動的部分是，我們在品牌象徵提到五感六意，喜舖CiPU應該是近一年眾多品牌的輔導過程，唯一快速呈現出五感六意氛圍的品牌。也就是在喜舖CiPU親子趴，特別切出一塊雖然不大的空間，但是刻意把品牌氛圍凸顯出來的實驗。每年11月、12月的喜舖CiPU親子趴，已經邁入第三屆。草創初期，人數大概一兩千人，到第二屆、第三屆，大概累積到近萬人參與。

很多人不知道的是，一場親子趴規模，每一年要燒掉大概150萬成本，可是實際上，在現場卻不拿來販售包包，CPU非常堅持這一點。她一直跟我們溝通，親子趴要服務的是媽媽，不是孩子，但是如果能夠讓孩子們開心，甚至是放電，讓媽媽晚上比較好睡，這件事是我們努力的方向。

所以CPU是一個很清楚品牌定位，以及目標市場需求，乃至於她要怎麼成就品牌高度的創辦人。也是這幾年內，喜舖CiPU品牌可以逐步做到營收破億，然後外銷到非常多國家的原因。再加上CPU並不因現況而停滯，反而可以看到她自己在品牌上進步。所以從品牌的累積，對她期望也就更高，希望接下來可以有更完整，或是更紮實看到喜舖CiPU品牌行銷的新嘗試。

很多人誤認為，媽媽包應該歸屬於母嬰的項目，可是實際你會發現，喜舖 CiPU 所有的商品，其實都是為母親服務的，希望母親能夠透過使用商品，中間為她帶來更多的省力、便利、輕鬆，去享受，也就是去 enjoy 她成為母親的生活。所以品牌概念就是「Enjoy your mom life」，也有一說母親的歷程就像一段旅行，這個旅行裡面，看到非常多賞心悅目，當然也有很多辛苦的部分。喜舖 CiPU 似乎成為一個角色，永遠陪伴在你身邊的姊妹淘，這些都是一個品牌基本的概念。

那回過頭觀察，喜舖 CiPU 是一個如此感性的品牌，但理性的要求也一樣嚴格的。比如說，包包業界很少人自創素材，然後自己印花。因為這樣子的做法，會讓整個公司的現金流過於龐大。但是 CPU 她自己設計布料、自己找布印布，然後還自己提升周邊素材。所以喜舖 CiPU 一開始就選一條比較不好走的路，也是堅持一條不好走的路，至今不太會被市場的後進者快速剽竊。

台灣市場甚至全球，看到一個有商機的商品，大家是會想大肆以低價的抄襲方法去洗這個市場。現在看起來，喜舖 CiPU 跟這群媽媽，不僅追求商品的好用，她們對品牌認知的肯定也是非常重要的。而之前幾年 CPU 進一步推出 ECO 環保紗，雖然價格墊高，但一樣受到市場歡迎，代表她不斷追求一個品牌的新高度。

那從感性的部分來看，喜舖 CiPU 品牌其實背後做的努力，比外界想像的要多很多。無論是創辦人還是這個品牌的行銷、公關，在溝通媽媽愛自己的這個概念。也做了很多讓媽媽能夠享受當下的活動，譬如有一些喜舖 CiPU 見面會，專門讓媽媽可以放鬆，或是享受生活的一些活動。還有很多異業合作，例如喜舖 CiPU 跟梳子、娃娃車掛勾、韻律教室品牌合作，大家會發現喜舖 CiPU 真的不是一個母嬰品牌，這是一個媽媽品牌，她是為了讓媽媽生活有更好的目標而存在。

建立品牌系統共識，創辦人與品牌個性一致

很多品牌創辦人個性很明顯，連帶這個品牌的個性，也就很像品牌的創辦人。這件事情沒有對錯，也可以從這個品牌的發展史來觀察，從初期的角度，這兩個東西合而為一，沒有什麼太大的問題。但隨著品牌發展，品牌本身個性跟創辦人個性是不是分開會比較好？這都是要看當時的個案決定。

從喜舖 CiPU 的品牌角度來看，創辦人跟品牌的個性很一致。品牌個性跟創辦人個性，是不是要兩邊分立呢？我也不這麼認為，但是的確眼前會有個課題是，能不能夠讓所有在企業從事相關品牌行銷工作的同仁們，能夠用 CPU 思維方式工作，或者是思考。我覺得這個反而是品牌系統過程的一個挑戰，也就是我們透過建立品牌系統過程，建立同仁的共識。或許相對能夠減少，彼此同仁工作之間的落差、對品牌認知的落差，大家更會知道要往哪一個地方走。

順帶一提，喜舖 CiPU 品牌的操作，往往強調的不單是商品特性，而是如何能夠利用商品獨有的特質，解決媽媽面臨到的一些問題狀況。我覺得這件事情如果能夠更深入談，將讓品牌的獨特性更顯著。也就是，喜舖 CiPU 其實生而為媽媽，以及為了解決媽媽的問題而存在。所以在很多周邊商品，似乎也可以圍繞這個核心產生，「媽媽姊妹淘」看似是一個感性的形容詞，可是實際上可能是一個針對理性需求的詞彙。

喜舖 CiPU 永遠以媽媽這個角度出發，完成媽媽的需求。我覺得，喜舖 CiPU 接下來的任務可能是：「喜舖 CiPU 以及喜舖包，能不能再創另一個喜舖 CiPU 的第二個明星商品？」進而讓所有人在喜舖 CiPU 品牌核心中，不再只有認定包包而已，而是去認定喜舖 CiPU 是一個全方位的媽媽生活品牌，那將是接下來喜舖 CiPU 在品牌形象的下一門功課。

　　所以，接下來喜舖 CiPU 的挑戰，從現在已經踩在一個媽媽產業的「指名度」，加上超額「溢價力」位置的時候，她會有幾個課題要去面對。

　　第一個是，台灣高齡化、少子化的社會變遷，如何有效把握每一年的新客，也就是新生兒產婦的部分。

　　第二，如何持續有做出有品牌價值的商品，保持品牌「溢價力」。當市場競爭者，實際上用三分之一或二分之一的價錢，去攻占媽媽包市場，如何還能維持高的市占率。

　　第三個課題是，喜舖 CiPU 如何透過現在品牌定位──媽媽姊妹淘，以理性角度，再去開發適合媽媽的系列商品，成為喜舖 CiPU 後續明星商品。同時若能繼續保持高毛利，那也可以避免剽竊、抄襲，這三項可能是喜舖 CiPU 近期會面臨到的，比較大的品牌策略轉向。

　　我認為喜舖 CiPU 的品牌奠定之路，就如一開始所說的，CPU 與她本身一開始擁有的角色有關：親子部落客。她透過文字跟讀者溝通的時候，其實就在帶領一票認識她，而且認同她的準媽媽族群。爾後，她創業這條路的 TA（目標客群），更是鎖定媽媽姊妹淘的路線。這樣的結合，意謂著 CPU 就是你們這些媽媽們的姊妹淘，除了是媽媽角色，也更是個設計師，所以她不僅有寫作的能力分享當媽的日常大小事，她也能開發出適合媽媽需求的商品。

　　她開發出喜舖包商品後，最終要選擇的策略是要單純賣商品，還是要賣品牌？從很多角度來說，CPU 其實一開始就選擇比較品牌端的市場，因為她做的東西具有創新度。過去台灣市場沒有媽媽包，沒有這樣的材料，沒有適合媽媽的印花，相對來說，她在選擇品牌路線的設定，也就是會成為中高階的品牌。那後續發展，這個中高階品牌，如何持續維持其獨特性？

　　除了既有的媽媽部落客形象以外，其實我也認同，CPU 在個人品牌跟商品品牌之間，其實是兩個獨立操作，也就是粉紅人妻跟喜舖包，沒有絕對的關係。不過跟其他媽媽包品牌不同的是，在喜舖 CiPU 部

分，她除了提供育兒經之外，還提供很多媽媽在別的地方得不到的資訊跟一種信念價值，開拓了媽媽不同的視野或世界觀。

我覺得比較外顯的，應該說 CPU 本身就是一個比較會穿搭打扮、活出不同以往媽媽形象的人。這同時引領的一個點是，誰說媽媽生完小孩以後就一定會變醜？媽媽其實可以讓自己活得很精采，就算 CPU 有兩個小孩後，她還是能維持漂亮媽媽的形象。所以這件事情，在 CPU 平常對外溝通的素材，她或許就已經墊高了喜舖 CiPU 不是一個單純的一個包包品牌，而是是一個具有品牌高度，而且穿搭容易，甚至是好看，很多明星藝人都會選擇的品牌。

第二個是，我覺得她能夠提供外面這些消費者，或者還沒認識她，或剛剛認識她的這些 TA（目標客群），一個不同的眼界。這跟她的生活習性有關，她的確持續、長期提供不同的新鮮事物，給她的讀者跟消費者。例如她曾經進行的 365 天計畫，或者她常常出國，願意嘗試一些新鮮的事物。CPU 從很多生活面向跟角度，把體會人生、體會當媽媽的這些過程，全寫成了文章。她不是只有生一個小孩的過程，還有養一個小孩子的過程。生一個孩子十個月，可是養一個小孩子卻不只十年。所以這些過程，就有很多素材持續提供給她的粉絲，甚至她的品牌消費者，那當然也能不斷精進她的品牌高度。

所以有別於其他品牌為什麼沒有辦法如此操作，因為別的品牌賣的是包包，而 CPU 的品牌賣的是信任，信任是無價的。

這可能是她一開始就踩在一個販賣品牌信任的位置，而不是單賣一個包包。這也是為什麼當別人在外面買一個粗製濫造的包包，是喜舖 CiPU 三分之一的價錢，但是喜舖 CiPU 卻能在市場上活得下來的原因。如果她沒有這些品牌價值的存在，可能早就跟市場告別了。

連帶來說，CPU 在品牌的後續發展階段，在形塑整個品牌形象時候她很努力去嘗試。譬如上述提到的，為什麼她一年花 150 萬去做一個親子趴。這類活動一定是賠本生意，但為什麼要透過這麼多方式去提供媽媽一種生活上的便利，給不同親子部落格或是網紅藝人試用包包，在這一段的品牌經營是做得漂亮。我也樂見喜舖 CiPU 的品牌力，在未來能持續下去，接下來就會看企業的行銷基本功，也就是策略擬定後，接下來能不能好好的實踐。

Chapter 5

凱爺：「喜舖 CiPU」繼續 ing

CPU 是本書的所有品牌創辦人當中，身分最多元的代表。媽媽、妻子、媳婦、部落客、創辦人、老闆、合作廠商，各種角色她都沒有辦法切割。但時間是世界最公平的資源，創業後，她逐漸意識到，人生不可能什麼都全部包辦，想要贏者全拿。「取捨」的哲學，這幾年她心領神會，不可能永遠保持一個完美的媽媽、完美的老闆、完美的妻子，這是不可能的。取捨，一定伴隨一些遺憾，但 CPU 說，她是一個活在「當下」的人，做了角色的選擇後，就不要後悔。

「我現在會覺得，我可以做快樂的好媽媽，但我們不一定做百分之百完美的媽媽。」不一定每個角色，都要逼自己做到一百分的程度，一旦披上這個身分的當下，就好好扮演這個身分。「我現在選擇當媽媽身分，就好好照顧小孩，不要一邊想上班的事；現在身分是老闆，就好好看工作，不要分心覺得好想顧小孩，搞到自己兩邊都顧不好心力交瘁。」

雖然旁人看 CPU，當年從天兵女孩變成生活還是有點ㄅㄧㄤ的媽媽，但喜舖 CiPU 卻慢慢演繹出另一種品牌風景。儘管 CPU 吐露：「我們在很慘的時候，我有仔細思考過，如果我們真的沒有了，從零開始！歸零，我可以！」CPU 能如此樂觀，甚至能如此灑脫，或許也跟她對生命的體會有關。近期她耳聞身邊一個朋友，年紀輕輕就驟然離世，她感慨：「生命很無常，有時候連命都沒了，這樣想想，一間公司在不在，也沒什麼好擔心的啊！」

一碗麵回購千萬，傳承三十年製麵好手藝「蘭山麵」

曾想過，自己多久會吃一次麵？市面上麵條百百種，白麵、油麵、寬麵、細麵、塊麵，你最愛哪一類？也許一碗看似平凡無奇的麵條，沒有太多調味，沒有花俏包裝，不賣高價穩穩做，也能撐起一個家！

蘭山麵共同創辦人游函珮（Jessica），從小陪伴她長大的不是洋娃娃，而是一袋又一袋的麵粉；別家小孩在開心看電視唱兒歌，她每天聽的是轟隆隆製麵機聲。自從她有印象開始，別的同學下課後相約去外頭玩耍，讀幼稚園大班的她，就在家裡工廠幫忙包麵。

Jessica 苦笑，「我小學沒什麼童年回憶，就是一直在工廠包麵！」但她從沒想過，長大有一天竟然回來做麵食品牌，更沒意料到，拉她一起創業賣麵的人，會是她的老公邱澤潤（Allen）！

Jessica 父親會開製麵廠，很大原因跟當時台灣經濟氛圍及家庭結構有關。50 ～ 60 歲這一代人，也就是四、五年級生，青壯年時期台灣經濟才稍稍要起飛，當時家裡小孩生養多，隨便一家的兄弟姊妹，都要兩隻手才數的完。那個年代的時空背景，形塑出獨特的教養方式，唯有家中最小的男孩子，才能享有教育資源。貧困人家沒什麼餘錢，排行年長的兄姊，幾乎國中一畢業，就得去外頭學一技之長或當學徒，趕緊賺錢溫飽大家庭好幾張嘴。

Jessica 父親正是典型的代表，家裡沒有錢讀太多書，一畢業就去闖蕩。後來看中麵食逐漸成為台灣人的主食之一，加上製麵技術門檻低，進而在宜蘭員山落地生根。

一間小小工廠，買了幾台製麵機開始日夜營運，一眨眼就三十多年，到現在還在運轉。Jessica 跟三位手足，可說是靠一條又一條白麵拉拔養大的。

Chapter 1

創業血淚：多年實體零售經驗落實於傳產的轉化經營

「從我有印象開始，我們家就在賣麵了，一路賣到現在。製麵這一行，餓不死，也不會富有，這就是我們家寫照，很安穩但也沒有發大財。」Jessica 回憶，以前逢年過節出貨高峰，每每在家幫忙包裝出貨，經常忙到深夜十二點。甚至爸媽有時回家小憩幾小時，天還沒亮，又匆忙趕回工廠開機上工。

從小在做麵環境長大，讀企管系的她，暗自發想，未來人生再也不要跟麵扯上關係，一定要去大公司當個高階經理人。後來如願進入台灣鞋業知名品牌，因而與老公 Allen 結緣。那時，她總認為等爸媽退休，麵廠應該就會跟著謝幕了吧。怎也沒料想，老公的創業魂，有一天腦筋竟動到賣麵，讓她與麵又結下不解之緣。

下一步還沒想好，貿然離職嚇壞枕邊人

人生只求安穩的家庭教育，Jessica 苦笑著說：「創業，從來沒有在我腦海閃過一秒，一秒都沒有！要不是遇見我老公……」

如果說做麵的技術工法，傳承於 Jessica 家族，而讓蘭山麵品牌，從零開始的真正推手，其實是 Allen。他先後經歷便利超商、實體休閒鞋品牌的洗禮，在零售業打滾前後十多年，累積各種打通路、做銷售的 Know-How。當時鞋品牌主戰場在門市，但集團想把市場擴展到百貨通路。但百貨玩法與街邊店的思維大不同。走百貨，一來訴求商品的流行性、變動性、價格彈性；二來，業績要夠好，才能挑到好櫃點，想進 A 級百貨，不僅品項種類要夠多，還要從蹲點特賣開始，繳出漂亮成績單，才有籌碼跟百貨談判。

鞋品牌在百貨一直沒做出成績，連續虧損好幾年。當時 Allen 就像救火隊，被賦與重任，從門市端被轉派到百貨事業處。他腦筋動得快，攤開台灣檯面上的百貨跟 Shopping Mall 名冊，開始盤算新策略。大力翻轉過去營運思維，專攻複合式商場。沒想到，這招讓集團從虧損到營利，繳出的成績單，是所有事業處成長率最高。年營收可以超過新台幣兩千萬的頭兩家店櫃，都在他手上誕生。更不用說，連鎖加盟協會每年挑選連鎖體系最佳傑出店長，Allen 領導的旗下團隊，每年都養出一位傑出店長，整整連續拿了四年獎。

　　「在職場一段時間後，那時候我想法很單純，與其幫別人做，何不自己出來？我走的又都是營業，都是在賣東西這些事。上班做那些事情，跟自己創業其實等同一件事情啊……」Allen 解釋。創業想法，在 Allen 年輕就開始發芽，只是口頭說了好多年一直沒行動。

　　結婚後，Jessica 對老公的創業夢，也一直當耳邊風，從沒想到有一天他會突然離職，連下一步創業要做什麼？八字都沒有一撇。

　　「一剛開始我就很不想創業，他確定要離職那時刻，我大女兒已經在我肚子裡，那一天我真的心情非常差，因為我覺得你在毀滅我的人生，我就是這麼害怕我坦白說。他講創業講好幾年，我都在逃避當作沒這件事，沒想到他真的就給我離職。當時我們身上可用現金真的不多，感覺人生有點像脫韁野馬，完全失去我的掌控了……」

　　創業，從來不是 Jessica 人生拼圖的其中一塊。她自幼的家教薰陶，讓她本能覺得要避開任何無法預知的風險。「我們家從小被教育不能辦信用卡、不要跟銀行借錢，所有風險事情都不能碰！」

　　誰知道，在 Allen 眼中，「創業不是賭博，想要人生更大的自由度，創業是相對簡單跟單純，只要把幾個點掌控好。」

　　他的安全感是她的冒險感，她的舒適圈是他的不自由。當 Allen 告知離職想法，Jessica 當下腦袋只有一片空白。

　　與本書其他品牌相比，夫妻一起創業，都先有共識、有資本、有技術的基礎才開始。Allen 跟 Jessica，兩人可說是從零起步。

　　創業，首先要選項目，Allen 反問 Jessica 你想賣什麼？夫妻一開始看準流行業，鞋子、襪子、衣服都想過。當時 Yahoo 拍賣商城的女裝商機龐大，深入研究市場，發現實體銷售力道轉弱，五分埔沒落，網路女裝品牌漸竄起。夫妻倆每天緊盯雅虎購物、超級商城，各品牌在平台頁面顯示的賣出數，超商背景造就 Allen 數字敏感力，有系統整理每周銷售報表。

　　兩人研究一陣子後，驚覺女裝市場水很深！沒有產線、門路跟雄厚資本，根本無法跟大品牌一起玩。從賣價開始，終端零售價格帶已經逼近批發價格，意謂很多品牌都在玩薄利多銷。甚至有的品牌在中國大陸把整個產線包下來，所以毛利結構成本能再壓低。如果要做中高價位品牌，沒有採購經驗，又沒有團隊帶模特兒整團出國拍照。當網路女裝被墊高資金門檻，口袋不夠深，無法跟著玩，「我們手上現金不多，又不想募資，我們知道這樣很難賺。」

　　研究幾個月女裝後，兩人像無頭蒼蠅，又回到原點。如果不做流行業，那來做一年四季都有人買單，市場規模又不會太淺的項目好了。突然間，Allen 靈光一閃，想到岳父的麵品質不錯，而且是幫人代工，那就乾脆來賣麵好了！

　　想法傳到 Jessica 耳裡，她驚覺問：「賣麵？賣什麼麵？」

　　「賣你爸那種麵啊！」

　　「你講真的還假的？」

　　當時，Jessica 父親做的是直條麵體，也就是營養麵條，台語俗稱麵乾。在消費市場的認知，麵乾就是一般人會在菜市場，稱斤論兩賣。Jessica 家的麵，其中一塊很大銷量是賣給廟宇，祭拜時所用的壽麵。這種麵，在大家認知裡很廉價，要做出價值感並不容易，甚至這一行

的老師傅，最常說的一句話：「做麵不會好野，但也不會么死。」（製麵不會有錢，但也不會餓死。）

更不用說，有人會想把這種麵拿到網路賣，到底會不會成功，都是未知數。過去網路賣的泡麵、乾麵，都是「塊麵」為主。而直條麵光乾燥過程，就要花上一天時間，無法比擬塊麵用乾燥機可以快速生產。製程時間拉長，又要做出品牌感，實屬不易。

夫妻倆想好創業項目，但下一關還是要面臨 Jessica 父親那關。

當時 Jessica 長輩就是看好 Allen 工作穩定能力強，當時他在集團一路當上高階經理，年薪已經上看 150 萬。父母不外乎希望小孩人生走在安全的軌道上，卻沒想到，有一天自己小孩會跑來說要創業。事實上，Allen 起初單純想跟岳父進貨，請教製麵配方，做自己的品牌。因經營認知的差異，也經歷一番家庭革命。

「我是他女兒，當然只會來罵我，但往深一層想，其實他不是否定我們創業的決定，而是他心裡正在面對懼怕的事，所以他把氣出到我身上。」Jessica 解釋。

Jessica 父親一生追求用最安全、保守的方式拉拔孩子長大，卻沒想到，有一天，孩子卻往心裡認為最險惡的那條路走，「你們可以毫無風險度過這一生，為什麼不做那樣的選擇？」

不僅長輩無法理解，連夫妻周遭的朋友也難以相信，Allen 笑說：「沒有人覺得我們會出來賣麵。也沒人覺得我們會把蘭山麵做到現在狀態！」

路，是人走出來的。從麵體的原料配方、開發醬料供應商、挑選包裝材質、設計品牌 CI，全部都是夫妻倆一路從完全不懂，到逐漸摸索出門路。

秉持不跟家裡長輩拿錢的堅持，夫妻第一筆創業資本僅有 10 萬，後來投下去發現開銷之大，才跟朋友商借，資本額慢慢墊高到一百多萬。有了錢，下一步開始思考商品定位。直條麵，既非獨創新品；也非高端逸品，如何塑造商品定位？成為首要難題。

Allen 盤算，如果沒有配料只有佐料的麵，還要自己在家煮，這一樣碗堪稱超級樸實的家鄉麵，消費者願意花多少錢才會買單？取名「蘭山麵」，其實就隱含售價的意涵，一來，岳父麵廠來自宜蘭員山，取其縮寫蘭山；二來，蘭山的台語發音，音同台語的「零錢」，消費者用合理的價格，一兩個銅板，就能吃到一碗真摯的台灣味。

經過六年的市場試煉，造就蘭山麵的銷售包裝是業界之最。其他塊麵品牌，一次包裝頂多賣四五包，蘭山麵最低一次就賣 12 人份，等於一次賣別人的三倍分量，但價格卻只是別人的三分之二。就曾有大學生在網路留言，直呼：「蘭山麵就是窮學生最美味的食物！」

營收首月不足三千塊，夫妻倆瀕臨離婚

蘭山麵創立至今，最高紀錄曾一天搶單賣出 2 萬份，總計共銷售超過 400 多萬份麵條，堪稱團購界回購率數一數二的台灣麵食品牌。然而，細數他們創業風雨，卻難以用金錢數字衡量。

成立第一個月，品牌完全沒名氣，還沒開始打廣告，整月營收不到 3,000 元，其中一千塊還是靠朋友力挺支持。

望眼欲穿，訂單遲遲沒反應，兩人擠在窄小房間大眼瞪小眼，心裡乾著急，想著還欠朋友百萬借款呢！當時銷售通路僅靠網路平台，搭上平台周年慶，小量兩三千元做廣告投放求曝光，才終於有一些單進帳。

網路平台的美食店家看著他們焦急，好心建議他們何不嘗試找找看部落客？但在實體通路多年的兩人，對網路生態還不了解，手上也沒名單，更不用說要怎麼評估不同部落客的轉換效益。第一筆只敢花兩三千，發現完全沒效果，趕緊再找下一個，投入雙倍的預算，終於換來五、六十筆單。

但後來發現，當時售價 8 包 16 人份賣 299，平均一碗麵不到 19 元，扣除固定成本再扣行銷費用，根本是白忙一場，完全沒任何獲利。

「那兩三年剛好也是部落客興起，我們剛開始找前兩個發現沒什麼用，沒有單，我很著急，心想這種日子過下去真的是無底洞，很恐怖。創業 9 個多月，沒有營收，身上有負債……我連買女兒一罐奶粉都很掙扎，給部落客的錢萬一還沒回本……Allen 那時就說，現在都沒業績了，再多負債一萬，有差嗎？我那時真的很想把他掐死！」

Jessica 的擔憂不無道理，她自剖自己沒有老闆性格，出社會兩年就嫁給 Allen，接著懷孕生小孩暫離職場，後來便直接跳躍到創業。

「我工作經驗幾乎是沒有，直接到創業根本是越級打怪。他直接把我推入火坑，叫我去面對。」她自嘲一個從沒管理經驗的小女生，突然要跟供應商周旋；突然要會跟客戶溝通，角色大幅轉變還來不及適應，導致兩人一起工作除了爭吵還是爭吵。

一間公司，兩個人加一位工讀生，單薄的 2.5 位人力，撐過一家品牌的前五年生死考驗。因為人手少，每一位人力都很重要，但有時挑戰愈大，摩擦也愈深。

「前幾年很常吵，曾經鬧到很僵，我們有一度吵到要離婚」Allen 說。那次爭吵，非同小可，Jessica 不僅決意回宜蘭老家，甚至心思篤定與蘭山麵再也無關了。

「那時我跟他講，我拜託你，你就把離婚簽一簽，我們彼此都解脫……深切去想，兩人生長環境不一樣，我是安全家庭長大的小孩，創業很多事情是可怕的，不諱言這條路不是人走的。有時候夜半人靜，我會忍住不講，但是心裡想，你又不是不會賺錢，公司賣一賣，我們回職場，以你的經驗跟實力，回去一年賺兩三百萬我覺得是很簡單的，現在這些都不用去承受了。」

那回離婚戰，戰火連縣許久，非一時半刻能消停。

轉身離開蘭山麵的 Jessica，反而找到職場的新棲身之地，新身分換上營業經理，專門開發醫院通路推銷醫療級洗髮產品，待了一年多。人生叉路遇到的新老闆，聽聞他故事更是淒苦，為了償還父親欠債，開公司長達十年都在借錢。他留給 Jessica 一句話：「創業這條路，最容易的就是放棄，放棄的人太多，堅持才是最難的！」

一席話，正巧打中 Jessica 心底最深層的脆弱。

她轉念後猶如雨過天青，夫妻兩人冰釋前嫌，Jessica 重返創業崗位，儘管知道過去的業障仍矗立眼前，但兩人卻願意各退一步，這時 Jessica 偶爾會開玩笑跟 Allen 說：「大哥我也還在學，很多可能不到位，可是你給我一點時間啊。」

牡羊座火爆個性的 Allen，也在練習修正自己的退讓。回憶那段日子，他緩緩道出，當年為何要創業的堅持。「對她而言，她認為最安全的路是我認為最不安全的路。有些人的人生沒有辦法允許發生一次意外，可是我的做法是架構一個，當我發生意外的時候，我還能夠留給家人什麼，讓他們足以生存，我是基於這個立場去創業。我很謝謝她，願意陪我走這段路。」

人的確會因為眼界差異及挑戰，而一夕成長。當年為了幾千塊行銷預算就著急不得了的 Jessica，如今看到一個月近百萬的貨款，心顯得淡定了。她總覺得每個人這輩子都有自己的功課跟修行，她笑說：「我人生最大功課，就是我老公。」

Chapter 2

企業實戰：
樸實好麵學問大，廠商南北換一輪，磨出 25 元好滋味

蘭山麵賣的東西一點也不特別，單一品牌、單一品項，兩種麵體，七、八種口味，紅蔥油、麻醬、沙茶、烏醋、麻油，都是台灣人在外頭吃麵熟悉的味道。

「很簡單的東西」是蘭山麵的特質，一開始創業把商品放上網路平台，美食店家沒有人看好，甚至親友都不太認為，他們可以撐多久，就有人對 Allen 說：「我真的沒有想過，你們可以活到現在。」

因為不特別、不取巧，別人眼中可能毫無賣點，但也是樸實、真摯，反而一碗小麵可以一吃再吃。「蘭山麵沒什麼特別，也沒有很特殊口味，是台灣人大街小巷日常生活會看到的口味。我們就像滷肉飯，走到哪都吃的到。」Allen 這麼說。

但是，口味簡單，不代表商品可以馬虎，背後很多的做工細微，是消費者不會知道的真工夫；用哪一種麵粉、用哪一牌醬油，在口味上細微差別，消費者可能不見得吃得出來，但蘭山麵在意。

光麵體本身，藏有許多製程的細節。選用「做麵食最好的麵粉」，將麵粉揉成麵糰過程，外面通常只要壓一兩次，但蘭山堅持壓六次，只求麵的筋性展現，讓口感的嚼勁跟 Q 度更紮實。

做麵，其實是很看天吃飯的生意，白麵的成分很單純，就是麵粉、水、鹽，每天天氣濕度不同，放的水量跟鈉比例也就不同，要做到標準化不受濕度影響，就要做到量化數據管理。

另外，蘭山麵長期關注的健康焦點，也正是麵體的鈉多寡，減少 1/2 鹽用量，減少現代人飲食負擔。

鈉含量多寡，就牽涉鹽的比例。鹽除了能防腐，更會影響麵的筋性。但如果鹽過度減量，會影響麵的口感，延展性跟 Q 度出不來，麵吃起來粉粉的，只好增加麵體厚度來平衡 Q 度。換句話說，減鈉跟麵體厚薄，往往只能擇其一。然而，當然可以靠修飾澱粉等其他添加物，來解決減鈉需求，但蘭山麵追求的是食品原料，而非食品添加劑。光是減鈉配方調整，在不改麵的厚薄度，但又能降低鈉含量，是蘭山麵成立以來一直默默潛修的工夫。

Allen 秉持著「做市場上別人不太願意做」的製麵理念，「初衷是把這個品牌，讓客人吃到願意付的價格，但我們可以提供好價值的產品。」

一碗麵，還有另一重要配角就是醬料。過去幾年食安問題層出不窮，麵粉、假油、塑化劑，稍一不注意就可能跟不肖業者合作而中槍。

蘭山麵自始至今沒碰到食安問題，Allen 說：「我不認為是運氣好，而是一路上我們都在篩選廠商。」挑選供應商，他們是嚴格到家，一般業界找廠商的方式，不外乎研究、試吃、報價，滿意雙邊就合作。但兩夫妻卻是跟對方約好，直接到工廠看生產環境，從是否符合第三方 HSCP、ISO 以及以前的 GMP 認證，一路討論到要看對方主事者經營的理念和心態。

「我們廠商已經換過一輪，醬料廠二十幾家跑不掉，全台灣能做到的，甚至屏東芝麻醬廠都殺去看過。也許東西好，但心態跟我們方向不一樣，就很難走下去。」

創業初期，也曾遇過廠商覺得你看起來不懂，而詭你一把，隨意亂報價，甚至把獨家配方，私自賣給其他品牌，這些冤枉路他們走過。所以蘭山麵在跟供應商的合作，訴求雙方一起研發、一起成長。但這些細節都是一般消費者，很難單從商品包裝就可看出來。

另外，蘭山麵也做了許多業界創舉，醬料會殘留水氣，為了不讓麵體有發霉可能，多花成本重新設計包裝，讓麵跟醬料做分層隔離。在服務面，也是業界唯一讓消費者選麵體跟醬料的自由選配。一碗平均 25 元的麵，卻隱含原料、製程、包裝、選味、分貨的堅持。

部落客起家搶救訂單，特殊通路找新財

「蘭山麵是靠部落客起來的！」Allen 說蘭山麵最初找不到行銷力道，直到嘗試對的部落客，當天湧進兩百多筆單。後來逐漸學會抓檔期、看具體成效，試出對的營運模式，直到創業第二年，終於把資本借款還清。後來更與藝人部落客合作，效果大好，從早期一個月幾十萬業績，到後來一檔可衝到千萬佳績。

但蘭山麵在操作過程中，發現如果突然爆量，對新創公司而言，產量不能及時銷出遇到卡貨，反而容易打壞品牌，所以決定選擇走一條相對慢的路。

「我們回過頭思考，我們到底需要靠部落客靠多久？後來就決定減少過度仰賴部落客，找到市場上生存的模式。靠媒體、靠部落客衝上來，就不能斷，像吃毒藥。但部落客能幫多久？每次帶來的單都能這麼多嗎？我們單一品項，不做折扣，也不送東西，不上媒體，要怎麼生存？需要高難度技巧。」

回歸企業整體的營運面，蘭山麵逐漸意識到，廣鋪平台、網紅檔期，的確能帶來轉換。但這些轉單名單不會是品牌的，而是部落客的粉絲。

「部落客推薦買蘭山麵，跟看到我們廣告或認同買蘭山麵，這是兩件事情。」於是，Allen 與 Jessica 為了讓業績紮紮實實出自品牌認同，反而不把賭注全仰賴部落客，每年成長速度雖然不快，但相信這才是累積品牌厚度的做法。

然而，電商環境三年一小變；五年一大變。Jessica 深有感觸，品牌剛成立網路環境單純，以前只要把照片拍漂亮、部落客業配、上團購平台，有資源就有流量。但現在經營成本不斷墊高，要在電商生態存活，需要十八般武藝，要做活動、自學廣告投放、隨 FB 演算法不斷調整素材。

「電商發展至今，已經是高門檻的進入行業。」Allen 說現在品牌要有導流能力，不僅廣告素材隨時變化，甚至要懂媒體操作，如果是

純靠網路生意，自己一定要有做流量的能力。因此去年也是蘭山麵轉折年，不靠部落客操作，證明自己有導流實力。

「做電商，營收看似成長，但廣告費預算增多，其實獲利是被壓縮的。現在素材不對、TA（目標客群）不對、導流工具不對，廣告效益的效果就差，要花更多錢去買流量。」為了調整企業財務體質，蘭山麵選擇新方式主動出擊。從線上走往線下，是品牌虛轉實的第一步。但是在實體策略上，蘭山麵不開一間街角店，或進駐零售櫃點。「一個實體通路抽成要 40～50％，如果為了毛利而把售價墊高，就違背創立這個品牌初衷。」

不同於其他品牌 O2O（Online to offline 虛實整合）玩法，蘭山麵走的是特殊通路，也就是線下業務戰，走企業福委、實體團購模式。「線下有些品牌選擇開店，我們比較像保險公司模式，透過業務團隊去經營企業跟團爸媽的市場。」

夫妻倆從去年開始嘗試走向線下，跑了企業福委幾個月，發現超過 9 成都能轉單。起初，寄試吃品完全沒效果，後來他們想到一個方法，既然麵食相對仰賴「試吃」體驗，那就挑中餐時段去煮給你吃，直接讓一碗麵拉近客人互動。這步驟，有點像網路的 CTA（行動呼籲 Call-to-Action），需要有個觸發的媒介，因為聞到、看到、吃到，進而達到促購而買單。先從身旁朋友企業拓展「時間對、商品好、價格實惠，反而不用解釋太多商品特點」企業更會主動約下次服務機會，比陌生開發效果更好。兩夫妻開拓新業務模式，自己跑一輪知道開發難易度，先試出一個方法，「怎麼開發到流程安排，要把整段想清楚，業務來就依照 SOP 走。開發的方式、使用的工具、工作流程是清楚的，如何在工作中產生具體的產值，這其實也是開實體店的邏輯。」

做品牌或賣貨？一碗最耐吃的麵，合理價對消費者負責

「這幾年還好品牌知名度慢慢上來，做業績沒有那麼難，但這條

路安穩下來了嗎？不見得。」

在 Jessica 眼中，Allen 是個很特別的人，但有時又是很笨的創業者。他刻意選一條別人不走的那條路，而且是創業模式裡，更少人選擇的方式。

「他說賣貨是相對簡單的事，看其他朋友做不同業種，單純賣貨，第一看有沒有利潤空間，有就下殺；大量找通路、投廣告，都做就有業績。我說創業已經是不容易的事，他又做一件創業的人不太會做的事，蘭山麵能活到現在，要幫我們鼓掌一下。」

經營一間公司，從營收來看，業績不到千萬，還在高速成長期，可以玩各種嘗試，破億，可能選擇優化公司體質、擴張市場版圖下手。但介於千萬營收之間，下一步要走規模經濟？還是保持現況？成為更難的抉擇。

一件商品的毛利結構，跟麵粉、醬料、外包裝袋的成本，以及最終定價有關。毛利額要賺多少，可以透過售價來控制。但經營企業更難的是營運費用結構的規畫，網路廣告投放效益差、行銷工具變化快速，都讓整體營業費用，不斷墊高的變動成本。要如何抓取各種成本開銷的占比，有時更牽涉主事者的選擇，要速效賺毛利？還是穩定做品牌？

麵食這一行，靠賣貨賺錢其實很簡單。廠商廣鋪通路，把成本愈壓愈低，用成本較低的原料，麵粉、油省幾塊，消費者也吃不出來。接著把售價往上調，毛利墊高後，就有更多預算灑廣告，消費者對品牌的認識就愈多，這也是獲利最快方式。商品的品質、服務，也許不是首要優先事項。

「我岳父說，做吃的就是良心事業，你要用什麼料，純看你的良心。」Allen 說。

做品牌，沒辦法忽略一些小事。既然蘭山麵品牌名字，希望消費者花二、三十塊零錢價，可以吃到一碗更好品質的麵，就不能偏離原本初衷。「我們東西很普通、很耐吃、麵體鈉含量相對低。我認知給消費者好的東西，但不要花冤枉錢，我會希望讓大家用合理價格吃到

我覺得還不錯的麵，最好不敢講，因為最好是見仁見智。」

在台灣要經營品牌，卻是營運者最困難的課題。

「客人對麵的品質差異這件事，他們有感覺，真的在乎嗎？」

「為何消費者願意掏錢買別家比較貴的麵？」

「對消費者來說，會不會我們跟其他牌子根本沒差別，只差在價格？」

「我們一直在思考，要賺錢還是做品牌？」

Allen 坦言，要賺業績還是獲得客人對品牌的好感度，他們更在意品牌塑造的過程。當提供價格跟價值相符的產品，希望消費者對蘭山麵認同的是價值，而非價格。Jessica 看著老公的某些堅持，她更體會到：「我們很多策略站在客戶立場，幫消費者想。這個品牌長遠要怎麼走，他想的都不是要馬上賺錢，而是更遠一點，我們不要做什麼。我們很開心這幾年來，累積一些消費者對我們信任。」

「小，是故意的。」獨有商業策略，走別人不走那條

在意品牌的塑造，也讓蘭山麵的營運策略，走向與其他麵食品牌反方向的另一條路。有些企業，選擇快速擴張，從網路到實體，全通路鋪天蓋地插旗，甚至積極募資或找藝人代言入股，快速炒紅品牌知名度。蘭山麵跟流行類商品也不同，一年四季賣單一類別產品，不會有過季商品可以打折。這些，蘭山麵都選擇不做。

「我們跟市售品牌，邏輯跟策略完全不一樣。我們資源有限，不炒爆品充量、不募資拿投資人錢、不廣鋪網路平台、不走外銷、不立刻開實體店、我們可以買的管道相對少。組織還沒穩定，公司快速擴大是危險事情，當供應商跟不上，品質沒辦法兼顧，出貨速度沒符合消費者預期，快速擴張，反而對品牌是一種傷害。」

發展緩慢，選一條跟別人比較不太一樣的路，是蘭山麵特色。

這六年的規模不刻意快速擴張，是故意的。一開始只在網路銷售，接著又以營運自己官網為主力。在品質上，寧願跟供應商來回微調配方，打樣超過數十次，不用化學合成、不能有油耗味、不死鹹，連供應商都大呼：「真的沒遇過像你們這種廠商，一種口味可以醞釀快一年才推出！」

而在消費者關係上，重視對消費者承諾，不僅是網路唯一讓消費者自由挑麵體及口味組合，也是市場唯一幫團爸／團媽分貨的廠商。

「我的想法是，我不要這個品牌這麼快死掉。營收瞬間起來，跟穩定持續成長，結果我認為不太一樣，如果業績起來，其他東西跟不上，那很危險。」Allen 在零售通路十多年經驗，創業後更研究過各種品牌的商業模式，他非常知道，網路品牌利用網紅、媒體可以馬上先有一波銷量。接著可以走外銷或各大平台上架，品牌知名度快速打開。但是，評估企業現有能耐，一來希望先把供應商管理奠定基礎，二來可以對消費者負責，因為光全台製麵廠少說上萬家，找到可信任廠商，掌握更多環節，才能在品質把關更有信心。

「不希望這個東西很紅，只做這一陣子，也許兩三年之後，品牌就不在了。」

蘭山麵的思考邏輯，小，也許是故意的，可以穩穩生存，而且是更在乎能否百分之百對消費者負責。

蘭山麵的商業策略，跟有些「小巨人」（Small Giant）企業的經營理念有程度上的雷同。「小巨人」是財經書《小，是我故意的：不擴張也成功的 14 個故事，8 種基因》作者鮑‧柏林罕（Bo Burlingham）研究多家企業後，發現有一類型的中小企業，經營模式非常獨特。這些「小巨人」，刻意選擇「不」只追求營收成長、「不」隨意擴大市場，而是有更重要的經營目標。這本書挑戰主流商業思維——每個企業都必須成長，否則只有死亡，真的是這樣嗎？

作者挑選的 14 家公司當中，其中一家規模最小的塞利馬（Selima Inc.）公司，成立 60 年但至今僅有兩名員工，跟蘭山麵過去 5 年經營人數規模不謀而合。鮑‧柏林罕在走訪這些創辦人，分析這些小巨人

企業的共同特質後，發現這類公司在經營過程中，都傳遞出同一個訊息：「如果你的公司存活下來，遲早有一天，都要面臨選擇。這些企業主知道，我們不應該什麼都做，而是把少數的事情上做到最好。」更多目的是培養「企業靈魂」。

所謂「企業靈魂」，正是企業在面臨可以快速變大，走捷徑便有名的過程，企業是否願意與員工、顧客、社區、供應商，創造有意義的關係。

書裡有一段論述，我認為正可以呼應蘭山麵這幾年的發展策略，「你必須讓新創事業有足夠時間適應環境，如果你太快跳到下一個階段，這個事業就無法發展自己的靈魂。」而企業靈魂將是影響品牌、產品，以及生存的方式。

因為經營企業，不見得營收非要一直成長，不見得規模變更大，不見得要變得毫無人情味。人情味，也將是蘭山麵與其他品牌最大的差異，因為，日久總能見人心。《小，是我故意的：不擴張也成功的14 個故事，8 種基因》總結幾家小巨人的經營特質，這些元素在採訪過程，正符合蘭山麵的經營心法：

● 這些創業者跟領導人，他們不受限傳統標準的做法，他們質疑業界對於成功的定義，不會把自己受限在一般大眾所熟知的選項。

● 這些領導人選擇一般知名企業沒選擇，想必也不太願意走的另類道路。這些領導人不斷尋找企業靈魂，不願意接受外界所期待的企業形式。

● 他們特別重視與供應商及顧客之間的關係，最後在企業、供應商及顧客三方之間，建立社群感及共同的目標感。

Chapter 3

品牌再深化：缺乏靈魂品牌難長遠，不看營收數更求獲利率

Allen 不諱言，蘭山麵還不夠有名，台灣很多人還是不知道這個品牌。過去僅靠網路銷售，沒有街邊店可以讓路人增加停留率、增加品牌印象。然而，台灣民以食為天，麵食又是主食之一，商機其實很龐大。

根據經濟部近幾年統計，台灣麵食市場，每年速食泡麵產值約落在 100 到 115 多億新台幣，而像蘭山麵這種營養麵條的麵粉直條產值，平均大約有 40 多億，若再加上未開立發票的小吃店及攤販，整體台灣麵食市場產值，總括約落在 140 到 150 億新台幣之間。

Jessica 說，做速食泡麵品牌，看似產業進入門檻低，但想要扎根甚至長久經營，更重要是仰賴產業經驗。所謂產業經驗，以麵食來說，就需要對產品核心有規畫藍圖，自身掌握開發能力，才不會讓商品力掌握在供應商手裡，同樣口味或製程輕易被複製到其他品牌。

「品牌的根，回歸看消費者買單的是什麼？如果都只是換個包裝牌子，是沒有品牌精神在裡面。」Jessica 說。

至今為止，蘭山麵的包裝 CI（Corporate Identity 企業識別）、廣告素材、通路出貨，仍全部源出自己之手。如果選擇快速衝營收的方式，品牌大可以授權給經銷商去海外、實體鋪貨，或請網路平台操作，文案素材更不須自己設計，只要大量給折扣券，照樣能帶進訂單。

Allen 說：「但我們全都是自己操作，紮紮實實經營。我們創立到現在，慢慢體會，要看的不是營收數字，而是獲利率，甚至是品牌效益。」

看過其他品牌透過部落客操作，一年營收也能破億，但到了第二年卻馬上衰退。過往的業界案例都讓 Allen 更小心，業績大起大落背

後的警訊，是產品力還是品牌口碑出問題？花一樣行銷預算，但卻無法吸引回頭客，而新客也不買單，背後影響更深的，有可能是企業系統體質以及品牌的顧客關係管理。

品牌圍繞「家」意象：
十年不曾吃年夜飯，觸動心底最深渴望

「如果你問我，蘭山麵品牌是什麼樣子？我會說，蘭山麵就是他（Allen）的情感投射出來的東西。」

從 Jessica 口中得知，蘭山麵品牌意象雖是「民國 80 年老房子餐桌上的一碗古早味乾拌麵」，但背後更深層的意義卻是 Allen 心底最深層的渴望——親情圍繞下吃一頓樸實晚餐。

「我的生長環境，從小都是靠自己，高中後沒跟家裡拿過錢。我希望品牌有個家。對我而言，它可能比錢都還來的更重要。」Allen 緩緩透露他內心深處少向人訴說的過往：「蘭山麵品牌調性是個家，這是我從小欠缺的東西。我的成長環境，我像是個有父母的孤兒，曾經有長達快十年，過年除夕夜晚上，我選擇一個人開車在高速公路上，不是不能回去，是我選擇的。我大可跟其他人一樣，早點結束工作回去就好，可是我沒有，我每年都選擇可不可以在過年過節不要想到『團聚』、『家』的字眼。到現在還是心裡的痛，我搞不懂為什麼我的家庭會這樣。」

相較於 Allen，Jessica 就像是另一個世界被保護長大的小孩，父母總是對她照顧無微不至。但 Allen 的世界，卻是他還在青少年就被迫吞下成長的孤獨。「我剛開始認識他的時候，我說這是我完全無法理解的世界。這也是我這幾年學習到，原生家庭會對一個人的影響有多大。」

十多年的孤寂，對家的渴望成為 Allen 灌注到品牌的心血。「過程當中學會面對自己內心深處，我想要一個家，很感謝我老婆，經過

那段時間之後，去了解彼此想要的東西。成長過程我都是一個人，希望讓消費者有家的感受。」

也因如此，可以發現蘭山麵的商品數量、客群選擇，很多細節都圍繞在「家庭」或「共食」的場域。

以包裝來看，其他們品牌都是小包裝，而蘭山麵訴求大裝袋，一碗簡單的麵，背後隱含的是滿足媽媽對家人的愛，而不是訴求趁小孩睡覺，媽媽才能飽餐一頓的概念。兩人份裝一袋，滿足小夫妻、親子，甚至各種眾食的環境，例如戶外露營、在外工作求學思鄉的遊子們。

因為這樣設定，很多時候客人是買一箱數量，好吃就送幾包給親朋好友嘗嘗看，透過「分食」舉動，反而累積很多陌生客。這些客戶大多因親友分送，試吃一包體驗過，看背後包裝袋循線打電話來訂購。

因為品牌有家的感覺，慢慢的，蘭山麵的目標客群愈來愈多是來自「家中廚房使用者的人」，主力客群年紀落在 25 歲到 40 歲之間，性別以女性居多，也就是媽媽族群，是相當重要的消費對象。

但是，媽媽也是家裡經濟最精打細算的節流者，要把品牌烙印她們心底，除了便宜，還必須為她們施加「消費者感性利益」的魔法。即使是媽媽族群，蘭山麵依據不同狀態的媽媽做分類，包含全職媽媽、職業媽媽、零廚藝媽媽以及團購媽媽／爸爸。不同 TA（目標客群）分類，就有不同煮麵、吃麵情境，進而設定不同行銷需求。

以全職媽媽為例，每天都在家帶小孩，晚上還要準備全家人晚餐。偶爾白天只有母子兩人，可以快速解決一餐，透過「偶爾偷懶一下」的心理訴求，加上口味選項多樣，能挑選到符合小孩的需求，既不需花費太多時間、程序去備料、煮食，也可偶爾不用動腦，不用傷腦筋有剩菜問題。而全職媽媽最怕家裡的人突然肚子餓，不外食的情況下，單價低可放在家裡囤貨，成為家裡常備品之一，不怕臨時家裡沒東西吃。

而職業媽媽，下班後帶小孩回家吃晚餐前，如果小孩肚子餓，可以是餐前解饞食物。職業媽媽需要兼顧工作與家庭，方便成為最大利益，包含麵體不用冰存及好儲存的方便；網路訂購直接寄到家的方便；

買大分量可依客戶需求，節省時間不用再分裝的方便。

　　至於零廚藝的媽媽，只要煮水還有拌醬就可上桌，成為不會煮飯的良伴，而且不用擔心煮出來的食物會得到負評、風險低。而這樣的麵，跟其他冷凍覆熱食品相比，對不會煮飯的人處理起來更相對健康，也不怕讓孩子吃到原料來路不明的麵。

小公司聚焦品牌核心，訴求安心、便利、價實

　　經營至今第六年，企業規模不刻意擴大、不只希望追求營收，蘭山麵的品牌願景選擇在這個時候，決定再優化過去的大方向，將細節基調再確定。

　　Allen 坦承企業在這幾年不斷成長階段，身為老闆，需要耗費許多心力應付營運的雜事，包含跟供應商討論、內部工作流程改善、客戶服務管理，經營時間愈久，愈需要再聚焦品牌核心。

　　「品牌改造，台灣規模一年賣幾千萬規模公司，沒有人會這麼快做品牌系統，一定選擇先賺錢。這次，我們想透過彼此激盪，討論出新的思路。去年花很多時間跟供應商周旋，希望商品質再提升，這些事都會消耗落實品牌經營這件事，我們就會分心。如果沒有在這個時間點做這件事，也許未來做的時候要支付的成本更大，這次我們討論比較多是品牌的塑造跟核心。」

　　過數個月討論，目前蘭山麵建構出品牌三大核心，分別是：價實、安心、便利。

三大核心之一：價實

　　不難看出是品牌成立的初衷，一碗賣 20 ～ 30 元的麵，卻是傳承30 多年製麵工序的堅持所誕生的產物。蘭山麵是傳統營養麵條，相較其他塊麵，製作及乾燥過程皆較費時費工，產品按照古法製作確實乾燥，麵條經歷六次延壓，讓口感更 Q 彈有勁、斷麵狀況少。使用的粉

心粉原料追求商品原味，堅持不用修飾澱粉、不添加色素。醬料多使用釀造醬油、傳統醬汁調味，選用真的薑、蔥而不是萃取物。

蘭山麵目前口味也是走大眾化，讓消費者對味道想像風險低，又能滿足全家人對不同口味的需求，煮一頓麵需要花費的成本更低。如果跟泡麵相比較，營養麵條的理性利益，較少添加物、熱量較低，相對飲食過程必較沒有罪惡感、均單價低、入手門檻低。

三大核心之一：安心

正因為不使用添加物，對媽媽族群來說，買一碗蘭山麵，也代表是安心的保證。接單現做、定期送驗、確保品質、重視細節、退貨不販售，五大品質承諾，讓蘭山麵從沒遇過食安事件。因為愈是簡單的東西，愈不能馬虎重視細節，反而最難做。雖然是零錢價，但品質一點都不蘭山，因為創業夫妻自己有兩個小孩，他們知道，家人健康不能犧牲，也絕對不能去傷害別人家庭。尤其麵食是每天日常主食，一點一滴的攝取，每一餐都需要最安心可靠的品質把關。

以目前業界製麵的標配，蘭山麵超過標配的項目包含減鈉、麵條增加內袋跟醬料包分開袋，減少麵體發霉機率。以及最後的運送，以前用公版箱，為了不想讓消費者收到的時候看到箱子凹損，現在採用3C商品的外箱配送規格，在在都圍繞在安心的品牌核心價值上。

三大核心之一：便利

最後一個品牌核心是便利，從訂購、分裝到煮食都求讓消費者感受到便利。尤其職業不同的客群，希望能讓每一種類型媽媽都能享受生活的便利。

全職媽媽全天候照顧小孩，不方便出門無法花很多時間煮飯，但又要兼顧營養，因此在宅配、煮食環節，節省媽媽的不便感。又或是小資族群，要顧荷包又想吃的健康，甚至在外租屋上沒有廚房只有插電的煮鍋，就能煮蘭山麵來度過一餐。

而對團購媽媽、爸爸而言，蘭山麵可依訂購人貼心分裝，省去分貨的麻煩，不僅讓這些人開團容易有成績又能賺到零用錢。

　　而對樂於戶外活動的小家庭或親友，比起飯類，營養麵條在烹煮級配料上相對更好上手，不論是要露營、登山或出國，蘭山麵包裝袋不需要冰存，不用擔心戶外保存問題，包裝設計扁扁薄薄一包，好攜帶不占行李空間。

Chapter 4

「蘭山麵」凱爺品牌顧問輔導室

　　我認為 Allen 店長來上品牌系統，不是因為他不知道品牌，反而因為做品牌的人，想要找有實戰經驗，有不同思維，或者是有創新概念的人來做自己的幕僚。這對夫妻站在品牌系統另外一個象限，怎麼說？

　　本書大部分的夫妻創業，不論是 SHOPPING99、Magi Planet 或喜舖 CiPU，都是夫妻創業的代表。但是蘭山麵這對夫妻，我覺得最有趣的特點，第一個，他們很年輕就創業；第二個是年輕情況下，老闆娘年紀又比老闆年輕很多；第三，他們曾經是同一家企業的同事。

同事變夫妻的親暱，需要品牌教官客觀嚴格質疑

　　這個品牌建立初期過程，我相信這對夫妻的架沒少吵過。不過，無論是溝通還是吵架，都是一個很好的共識建立，才能建立現在蘭山麵穩定的基礎。好玩的是，因生活太過親密，導致就算天天叨念一些工作的基本事情，對方會認為理所當然，或者是充耳不聞。這時候就需要有一位第三方專家，或者有一個信任權威的人，出來溝通品牌這件事情。品牌帶一點成本，大家才會把它當成一件正經事，我覺得這個概念很像國外的和尚會念經。

　　這樣有什麼好處、壞處？

　　對一家品牌或一間企業，最終目的是如何建立所有人的共識，然後完成共同目標。不論敲經的是你耳邊那個人，還是國外和尚，只要這個「經文」聽得進去就好。所以我覺得我的確很像那位敲經和尚，

其實我在敲的東西，搞不好他們腦袋已經有想法，而我只是用有條理、有系統、有歸納，甚至有挑戰的經文去面對他們。我常根據他們提出來的觀點，去質疑還不夠，或者是還不夠好。

所以在過程中我除了成為他們領導階層的橋梁，還是他們對外的橋梁。怎麼說？

因我常把外頭資訊傳達給他們，讓夫妻看到原來在別的產業、別的市場，有一些事情或許可以仿效、可以學習。

我很像這個品牌的教官，站在一個比較嚴格角度去看品牌發展。這個品牌商品特性，甚至企業裡面從業人員，相對來說就是很平實、不嘩眾取寵，不玩太多花俏行銷手法，或許這也是一種內外相合的企業文化。

不賺最多但生產力最強，賣一碗不取巧不打折的網路麵

蘭山麵應該是這本書裡面，營業額比較小，但是營收少，不代表他很小，相對來說，我覺得從商品結構來說，一個單純只賣麵條，通路只在網路，然後口味到現在只累積出七、八種。一袋包裝兩束麵條，平均一碗麵 25 塊，你算一算，一年能夠做數千萬，也是一個滿誇張的數字。

觀察 Allen 的作法，除了本身商品的獨特限制之外，他給自己的限制也很多。他不碰實體、他不去海外、他不做過度渲染媒體行銷。相對來說，能做的事情就不多，如何在做的事情不多當中，又能夠保持營收成長，甚至保持高毛利，這件事情是很燒腦力或者是看功力的。這也是我們在品牌系統過程，經常會跳出來看整體營運模式策略的原因。

蘭山麵跟其他產業類的商品比起來，它變化度非常低，一年只出一個到兩個新口味。可是換別的時尚品牌，可能一年至少出上千個新的款式，這款現在賣不掉，過季時就打折。可是麵條不會打折，也不

能打折，麵條打折的意思是把未來客戶肚子餓的時候，你能賺的毛利，拿來現在打折打掉了，該賺而沒賺，長久來說對商品毛利或是品牌經營，不是件好事。一個人最多一餐就是一、兩碗麵，你不可能因為打折就可以讓他多吃兩碗，所以打折的那一碗，就在減損未來的毛利。

如果連過度花俏或打折這類行銷檔期活動，他都不能玩，那到底還剩什麼去驅動消費者購物？

我們常常笑，如果推出一檔蘭山麵的一百種吃法行銷活動，真的會有客人因此就買一百碗麵嗎？不會，這個商品內容行銷，似乎也很難有非常踏實的著力點。所以前提是，我們從一個布滿天險跟地雷限制的環境，開始談蘭山麵這個品牌。

不求最好吃但最耐吃，如何道地呈現台灣味意象？

很多人認為賣吃的商品，美味是最重要的部分，可是我們在討論過程卻發現，美味，這件事情過於主觀。

品牌在談主觀意識的時候，我都希望把象限拉得很清楚，怎麼說呢？我認為全世界沒有所謂最好吃的東西，可是品牌或許可以在某一個消費範圍裡，做到箇中翹楚。

這一碗 25 元的麵，怎麼去跟一碗 125 塊的牛肉麵比？又怎麼跟可能人家國際級大飯店，甚至米其林加持，可能隨便就要 500 塊甚至 1,000 以上的麵比較？所以價格帶的比較沒有意義，商品本身的利基點就不同。

如果一碗麵 25 塊，非常方便，你在家、你在露營、你外出，甚至在海外思鄉時候，我會說，蘭山麵定調就是它很耐吃。不一定是消費者主觀認知的最好吃，因為好吃的東西可以非常多，而且好吃有個最先決條件，是天然的好吃？還是人工的好吃？

所以這件事回歸起來，蘭山麵是賣一碗台灣味，那應該如何呈現？

商品傳達的訴求，它就是樸實呈現，食材一定是安全的，烹煮非常方便五分鐘上桌。然後更強調的是，就像台灣味一樣，是一種很「耐」人尋味的耐，一種可以細水長流的調性。所以我覺得在品牌定位上，其實 Allen 自己對品牌的掌握度是清晰的。

其中品牌有一個被比較大幅改造的是視覺。台灣因日據時代關係，談到古早味的時候，會不自覺有日本味出現。這個部分是我在品牌系統最開始反對的地方，也就是我不希望任何視覺，出現任何有日本味的東西，包含日本拉麵的象徵、日本店鋪的掛旗，甚至很細微一些花紋、桌子樣式等等。我覺得這些元素必須從蘭山麵的品牌視覺上抽掉，因為台灣味，不是日本味，也不是台灣的日本味，這件事可能是我在整個品牌系統，對他們比較要求部分。

品牌不求爆炸性成長，累積多元客群走細水長流戰術

另外一個我們花非常多時間在研究、討論，消費者到底為什麼要買你這一碗麵？給消費者的感性利益是什麼？

因為理性利益的討論很清楚簡單，對一個有商品力，價錢又不貴的品牌來說，理性利益其實很明顯，就是 C/P 值高、耐吃、天然。可是從感性利益出發，怎麼去分析這個品牌，有哪些元素會讓客人不自主就買單？

如果你真的要吃一碗比蘭山麵更便利的麵，你可以去家裡附近的 7-11 買，不用煮還不用洗碗。你如果想吃一碗比蘭山麵更便宜，搞不好去街角路邊攤就有得選擇。

所以從單一象限來看，蘭山麵既非最便利，也不一定是最便宜，代表它在消費者心中的分數，沒有拿到單一指標的滿分。但是，它卻是各項指標平均而言的高分。前提是，它累積到現在的客層夠廣及多元，這可能是一碗樸實的麵，一年可以賣出上百萬碗的原因。

溝通過程，我讓他們思考，究竟上班族買蘭山麵的原因是為了度

小月嗎？小康家庭買的原因，是孩子吵肚子餓？大家庭媳婦買蘭山麵，為了填飽家裡每一張挑剔的嘴？這些都是這個品牌必須面對的問題。

它不是一個爆品，卻是長久經營下來累積不同的客層，不斷累積成蘭山麵營業新高度。蘭山麵可以說是全台灣賣這類型商品，平均客單價最高的品牌。因為它最大販售包數是 110 包，一次可以賣出 4,000 多塊，這應該創下全台灣賣麵的一個記錄，表示它真的能賣。因此蘭山麵不追求爆紅，而是細水長流。

我覺得，在蘭山麵品牌系統過程，成就的不是系統本身，而是商業模式的再創造，譬如我們發現這碗麵銷售最強的模式不一定是在網路。因為把照片拍多好看、給部落客吃，這些事情蘭山麵都做過，但成效仍有它的天花板。

我們發現要體驗一碗好麵的方式，最簡單也是最直觀的邏輯就是去吃吃看。所有食品業都知道，吃吃看，感覺對味更重要，所以品牌系統過程，我們也不斷去優化未來商業模式；因為味覺很主觀，把食物放在消費者面前，讓他真實體驗商品後的行動才有後續的轉單。

消費情境再重構，感性利益引誘 Call to Action

蘭山麵基底就是一碗 25 塊、五分鐘能上桌、常溫儲備方便運送，這些要素都很理性。所以在理性展現過程，品牌可以透過你人在現場，讓大家體驗甚至煮完一碗麵五分鐘，馬上試吃，覺得這個價格能信任，馬上就可轉單。但這些事卻不一定能勾勒感性利益邏輯。

以樸實真摯的品牌來說，能夠用多感性的方式與消費者溝通，其實就要看主事者說故事，或是情境重現的能力。

感性利益分成兩部分來談，第一，透過故事的談法，跟市場對話，為什麼是蘭山麵？蘭山麵又是誰？這件事當然就牽扯到品牌高度的堆疊。譬如，這個品牌故事有 30 年的製麵廠傳承技法，對安全非常在乎，甚至有點家庭感、熟悉的古早味。這些都是品牌故事，能堆疊出來的

東西。

那第二個邏輯，是我剛講的情境重現。這件事情就很仰賴現場銷售人員的談法，或是網路行銷素材的呈現，怎麼說呢？感性情境的堆疊，目標族群是上班族，針對他們可能有度小月需要，可能會有煮消夜的需要，半夜起來想吃東西需要，又或是加班到九點、十點，餐廳都關了，沒地方吃東西，回家吃簡單一頓飯的需要。

這些就是情境的重現。小康家庭一對夫妻加上一兩個小孩，如果她是職業婦女，那她的情境是，如何在 15 分鐘內可以快速上菜；老公晚上加班回來，可能餓了，如何還有熱騰騰的麵可以吃；又或是假日就想偷懶輕鬆，但又不想出門採買，可不可以用一鍋麵條，搞定全家人的胃，這些都是一個小康家庭媽媽情境的重現。

乃至於討論到大家庭媳婦，家裡五、六個人以上要靠她一個人獨立服侍，她要用最安全、低風險的方法，而且是大家都熟悉的口味，餵養他們的即時需要。這些是媳婦的需求情境，就是為了不被人家講閒話，不求最好吃，但求不難吃。

這些蘭山麵能夠重現情境需要，那就需要在包裝的功力，也就是品牌包裝操盤者功力。那當然還有一些很特別可以溝通的對象或情境，例如親友露營的時候、出國思鄉的時候，甚至可以成為一種有趣的伴手禮。

這些，都是 Allen 店長思考下一個階段，品牌養起來的基數。當全部基數同時往上提升時候，它才會成為蘭山麵營運的爆炸點。

C/P 值與品牌力不對立，下一步鎖定市占率及回購率

在每個品牌的策略操作，一定有各自的看法。有些人會想要快速求市占率，有些老闆會認為做生意要先賺錢，所以要墊高毛利。商場策略沒有絕對的對錯。

我認為蘭山麵品牌這個局，是 Allen 店長要面臨的選擇，要高毛

利，似乎就會成長速度比較慢；要市占率，似乎就得犧牲一定的毛利，去做品牌或行銷。蘭山麵的品牌現在狀態應該是，商品力仍大過品牌力。又或是在這個產業特性，商品力其實就等於品牌力，因為吃的感受才是王道，所以品牌會建立在商品之上。

但是，有沒有讓消費者更有所謂的「忠誠度」、「認知度」及「回購率」，我覺得這些還是回過頭去強化品牌力。雖然有品牌力後，可能會希望拿來創造溢價，就是拿來把銷售價格拉高，可是似乎一碗麵的售價天花板就在這裡，那如果不是要拉高天花板，那就要能夠拉高市占率、忠誠度以及回頭率。

另外，我認為一個品牌具有 C/P 值跟品牌力，兩端並不是對立的。不是一個商品，好像賣便宜，他就沒辦法成就為品牌，怎麼說？

你認為 Hang Ten、Uniqlo 這些不是品牌嗎？相反的，它是品牌，是一個我們認定的國民品牌。這類品牌一開始的品牌核心訴求就是 C/P 值，所以市場操作，就不能過度溢價，也就是不能突然提高銷售價格，這會讓客人重新審視，他付的價錢，是不是你這個品牌價值相對應的。所以一般國民品牌，不輕易提高價錢，可是卻可以提高價值，進而創造另一種品牌力，譬如更高市占認同、更高知名度，以及更高的回頭率。

那在蘭山麵的狀態，的確是 C/P 值很夠的品牌，但追求品牌力卻不能靠溢價，好像突然把一碗麵拉高賣到 500 塊。那他能做的應該是，如何創造這個品牌的高市占、知名度及最終的回購率，這才是營運基線的累積，一條一條往上拉，這次營業額做 3,000 萬，下年度提升到 5,000 萬。

回過頭來，也因為 Allen 的企業選擇，他並不希望操作太多高風險的東西。雖然網紅、網美、藝人推薦，這種東西都曾做過，也帶來具體的轉單效果。可是，回顧他在 2017 年的操作模式，他反而把這些具不確定性的手法儘量拉掉，甚至連 Facebook 廣告操作的預算都儘量降低。最終，回歸到一個品牌，基本該運轉的本質。

消費者會出現的場域，不外乎在實體跟虛擬。品牌要在實體通路被他遇上，那就要開實體店，品牌就需要隨時備貨、囤貨來迎接過路客。可是如果品牌小企業，沒有這樣的龐大金流可以這樣操作，只能轉做形而上的空軍，打網站戰而不是地面戰。但要觸及到同一個人，讓他有意願行動，主動去吃到那一碗麵，代表這碗麵具有一定商品力及吸引力，消費者吃過後會有轉換率，也就是願意成為客人。那中間有哪些方法，可以不用花那麼多錢？

例如做什麼是低成本的行銷呢？

假設真的沒有那個錢打電視廣告，可是我怎麼樣擁有電視的觸及率？我可以做媒體公關。

如果沒有高資本做消費者活動、見面會，那可不可以多做一點異業合作？用我的麵跟你的商品結盟，配合商品交換，還是能觸達更多的人，從其他異業品牌的消費者來瞭解蘭山麵是一個怎麼樣的商品。這件事也有別於，以前需要自己做一個百萬級的活動，才能觸達這麼多的人，這個就是個業界玩法的變形。

再者，如果沒有資金開一家專賣店，賣一個全部都是麵條的蘭山麵食館。那有沒有辦法透過一些食品的通路，例如超級市場、百貨商城，做一些試吃販賣的位置？

這件事情，對他們來說是通路策略的變形，他們選擇特殊通路的推廣，比如直銷、面銷、團購，這也是一種方式。蘭山麵是本書所有品牌當中，Allen 是所有品牌的創辦人中，唯一在實體通路有非常多年經驗的人。那以前在實體通路的經驗，究竟能不能延到電商世界？

我認為不是經驗問題，而是邏輯問題。實體經驗雖無法百分之百複製在虛擬網路，因載體跟工具是不同。但有個邏輯一定可以用，就是在通路的操作甚至行銷操作，一定可以延伸變化過來使用。從實體到虛擬的網路工具，他都得全部重新學起，Facebook 操作廣告投放、

LINE@ 營運、EDM 經營，甚至平台系統的 CRM，基本上這些全部都要重新學起。也因為以前在實體這些邏輯的訓練，我覺得他在這部分上手度並不會太困難，反而有時給他一些有別於純電商人的視野。

這幾年可以看到明顯的趨勢，彼此都在跨進另一個新的領域，也就是實體人轉進電商，電商人走到實體，也就是混血時代來臨。對營運者，如何把過去舊有通路的包袱脫掉，只剩下營運邏輯，重新迎向下一個不同領域，在新領域快速學習工具，我認為會是接下來混血時代，每一個創辦人要面對的課題。也是從 2018 年開始，台灣不論是純電商，還是已經 O2O 的品牌，或是想嘗試網路的這些傳統實體企業，大家都要去面對的課題。

所以我也認為，蘭山麵在 2018 年起跑策略，也會走向混血電商特質。從純電商只在網路賣一碗麵，轉做混血的營運模式。所謂的混血，不代表蘭山麵就只能在實體店開一家店，而是走進人群，用不同的方式，俗稱「特通」，去做這一段的開發。這個漏斗開發，透過全方面引新客，再用體驗後的方法，將客人再留下，這是蘭山麵 2018 年後，要去激盪的方向，也就是特殊通路。

面銷、直銷、團購，這些模式如何操作，讓更多人有機會品嘗到一碗蘭山麵？過去經驗發現，品嘗過蘭山麵的人，通常忠誠度極高，雖然後續能做的事情不多，但在消費的意願卻是長效的。什麼叫能做的事情不多？麵條不能打折、行銷販促行為少了一半、滿減不能做，滿贈的選擇、分眾的調整、利潤結構的優化，都是蘭山麵重要的課題。

因先天品牌自我堅持的限制，造就這個品牌的成就，不願意走嘩眾取寵路線，只能細水長流。想像在蜿蜒的群山壁壘，道路蜿蜿蜒蜒，蘭山麵就像佇立在群山裡，怎麼走出一條跟麵條一樣彎彎曲曲的道路，而且還是屬於自己的道路，這是很值得期待的。雖然它不會最快到達山頂，但是，蘭山麵肯定是最細水長流的品牌。從 2018 年往後看，可能在三、五年後，將會有個漂亮的結果。

Chapter 5
凱爺：「蘭山麵」繼續 ing

　　蘭山麵，這對創業夫妻經歷的困難，與其他 5 個品牌相比，也許在營運過程不是最低潮，已經面臨到生存危急的。但是，夫妻爭吵的嚴重度，卻是本書所有創業夫妻檔，最激烈的一對。然而，時間證明夫妻也能雨過天青，也象徵品牌的重新蛻變。

　　蘭山麵，組成沒有太多「花招」；行銷不靠過分「渲染」，Allen與 Jessica 的企業哲學，不靠加法，不希望太多表面工夫堆疊，一層一層反而掩飾本質。他們的營運練功術，更像減法，一層一層剝掉過多的虛名跟快錢機會。

　　過去這幾年，蘭山麵直指品牌核心，專注紮實基本功，有如《易經》說的「潛龍勿用」，初期低調蟄伏，韜光養晦、沉潛等待有一天受到矚目。而「見龍在田，利見大人」就像經歷品牌系統的提煉，「見」意味著「現」，也就是品牌底氣經歷曖曖內含光，逐漸展露於世人面前，且受到有德之人相輔相成。

　　下一步，蘭山麵所等待的，也就是「飛龍在天，利見大人」，意謂所有人事物將有機會達到最完善階段，名氣與獲利如日中天。

　　蘭山麵雖然出身網路產業，但卻不躁進。過去「專注、極致、口碑、快」七字訣，曾被奉為「互聯網」起風時的操作圭臬。蘭山麵的確做到製麵的專注，也極致在食材口味打底，逐漸累積出消費者真實口碑。但唯獨「快」這件事，他們在品牌的扎根，刻意不追求快速流量、快速銷售、快速爆紅。這樣的操作是好是壞？這個問題，也許現在還沒有明顯的答案，也許再累積下個六年，回過頭，再好好檢視蘭山麵的品牌之路，看看他們的新樣貌。

新零售混血時代來臨　雙棲物種
品牌誕生

還記得台灣市場在網際網路還不太風行時，傳統零售業操
作起來看似簡簡單單就可以做好做滿，首先找個不錯的地
點 LOCATION，有點創業基金或前衛想法的便會把店面裝
潢弄的很吸睛，成為風格卓越的百貨或是第一代的文青咖
啡店。

在沒有太多選擇以及資訊易得的年代，如果能夠再來個新
聞報導，或是哪個美食節目能夠登門採訪，大概就離爆紅
不遠了。那時候小店靠區位與口碑，大牌靠傳統廣告與媒
體置入，基本上就是簡單扼要的在品牌行銷上功德圓滿，
業績也滿滿。

還記得那時候的傳統廣告，大概就是電視、廣播、報紙、
雜誌、戶外，更接地氣的，會有在路上派發的文宣，或是
沿街塞信箱的傳單，甚至還有以放送頭叫賣的宣傳車。如
果想要創造些人氣議題感，就會再以公關記者會或消費者
活動 EVENT，來拉近跟消費者的距離，並增加全年品牌行
銷的豐富度。

但是，從什麼時候開始，品牌發現，我們的目標族群消費者不再觀看我們想要他看的東西了？

以前我們總大聲說，我們要創造一個適合幾歲到幾歲，專屬於男性還是女性的品牌；我們要做什麼等級或規格的商品，彷彿我們創造了一個只屬於某些特定人選的世界，而且我們只要叫他們買，他們就會買。彷彿這個世界所有的需求都是直線，都是剛性，都是不變的。

然而，從什麼時候開始，我們目標族群開始變得更加模糊，我們成為在霧裡看花的盲者？

網路剛開始只是個不成氣候的工具，人們開始自我啟發，開始探尋，開始思索，開始社交，開始擁有人性，於是成就了網路是窮人的原子彈一說，由下往上（Bottom-Up）開始一場新零售革命。

消費者開始有選擇的權力，而非只能在品牌提供的有限選擇裡做出妥協，消費者如果沒有當下的選擇，市場萌發了自造者世代讓他們可以讓夢想實現，消費者角色開始模糊化，多重化。他既是創造者也是製造者，最終成為消費者甚至是擁護者。而市場也開始沒有所謂標準的目標市場，只有無止盡碎片化到個人的利基市場或仿客製市場。

傳統品牌與零售行銷的刻板模式，在短短數十年間崩塌，而全新零售模式未明，近年依著網路流量紅利乘風而起的網路品牌們，卻也因為近年流量成本飆升，在毛利與客層雙重流失下，面臨品牌該如何升級與轉型的脫蛹蛻變之痛。

Who buy you? who's who in your branding.
誰才是你品牌裡的那個關鍵人物

　　首先我們得先認知在網路世界裡，目標市場的碎片化是真實存在。

　　有別傳統零售多半局限於地理區位與直觀銷售，意即每個品牌先天就預設是賣給某群客人的想法，在網路世界中我們發現，消費者會自發性搜尋能滿足需求與完成課題任務的商品或服務。而多半這類消費者與品牌預設的目標市場相去甚遠，我們可從眾多蓬勃發展的次文化消費軌跡中明顯察知，另一方面，有別於前潮的 X 世代，準備接班決定未來二十年輝煌或衰敗的千禧世代（意指 1980 ～ 2000 年出生的人）也即將登場，也因為千禧世代天生特色，無法被傳統行為模式掌握，因此造就了全新零售模式的開端。

　　我們再也不能用簡單的年齡分層來局限或劃分消費者，而是得開始真實的觀察，在消費者每個生命階段中的移動，會為他的消費模式帶來那些改變？這部分包含生理跟心理的雙向層面。基本的生命階段可以粗略分為單身、伴侶、婚姻、有長輩、有子女、空巢、老夫老妻、獨身幾個分類，當然各品牌可以依據品牌本質而有所調整。而相應的品牌定位的確需要在確認目標市場的生命階段後，決定向可支配所得在某些範圍內的族群展開，至此大致抵定想要發展品牌的市場區隔後，我們可以開始深挖目標市場！

　　把品牌放進想要發展的市場區隔內，必然會發現競爭品牌的存在。如果沒有，也不要高興得太早，有時候是因為利基市場的現況不夠成熟，或是市場份額不夠支應單一品牌生存。當然如果你夠幸運，找到了完全沒有競品存在的藍海，也要事前評估倡導消費者，接受新事物的教育成本會不會過高？

　　如果市場內已經有了幾位競品前輩的存在，就好好的思考他們與自己的品牌，在消費者眼裡最具指標性的差異點為何？透過這個方式能夠進一步定位自己在市場上與競品的位置分布，即所謂的市場十字

定位圖，藉以定調敵我關係。

　　品牌定位的雛型於焉誕生，而後依據目標市場特性逐步建立 360 品牌系統，便能成就品牌最重要的關鍵架構。而當靜態模型大局已定，後續就是要將客群導入動態轉換模式中，持續地進行優化與營運規模放大。

　　理想中的動態轉換模式應該是目標市場消費者在何時何地，透過何種工具，接觸到品牌方所提供的訊息，此訊息包含了品牌想要置入的商品，並形塑消費者的使用情境以及商品能解決的任務課題，進而達到消費者心靈暗黑深處真實不為人所知的真實需求。

　　而過去，在何時、何地，以及何種工具向目標市場溝通，傳統來說，我們無法準確判斷目標市場在何時接觸到品牌訊息，所有溝通區間都以廣告檔期作為分隔，如戶外廣告以月份刊登，雜誌可分為月刊或周刊，平面報紙則可縮小到當日，廣播與廣告則可鎖定特定時段撥出。但傳統廣告工具卻無法讓品牌查知多少目標客群，在接觸相關訊息後有所回應或行動。但網路卻可以，這也大大改變了廣告生態。從一個細微的角度出發，當我們可以透過網路工具，開始「即觸力」的戰局，品牌行銷就開始變得更加人性也更有趣。

　　於是我們將目標市場一個禮拜七天，每天分割成為起床－通勤－上午班－午休－下午班－午茶（下班前）－交通移動－晚餐－睡前這幾個期間。

　　我們開始發現，品牌實際上可以掌握消費者在真實當下的生活模式，進而提供能夠塑造情境，引發需求的廣告圖文，配合原創內容的撰寫，躲避了人們大腦對廣告的預先篩選，進而成功置入進消費者的意識。這部分不外乎是想創造兩個顯著指標：對於品牌認知有益的觸擊率／互動率，或是對營業銷售直接幫助的轉換率／營業額，而他們兩者都是品牌長久經營缺一不可的關鍵！

　　而在流量成本逐漸高漲的當下，除了逐步累積自有行銷工具的客群基本盤外，如何建立能夠持續自動優化的流量模型 S CYCLE，並且適時適地適性的將傳統與網路行銷融合，會是新零售混血時代中勝出的重要關鍵。

　　S CYCLE 以幾個部分組成：

✍ Spot 接觸點

　　主要泛指品牌接觸消費者的所有地點與方式，從虛擬網路的各式工具到廣告形式，或是虛擬與實體連結的 O2O 導流工具（WIFI、藍芽、QR CODE 等），還是傳統實體通路所派發的文宣，店頭視覺與陳列，甚至是口耳相傳的口碑，姊妹淘聚會等。都算是新零售混血時代的接觸點，目的是為了讓消費者引起注意、產生興趣、增加記憶、並進一步創造對品牌的需求或是購物的欲望。

✍ Search 搜尋

　　通常在首次購買的軌跡裡，消費者會搜尋品牌相關外部資訊，藉以堆疊在腦海中的初步品牌印象。這模式會是感性與理性並行，質化與量化綜合考量；消費者除了藉由網路搜尋，如關鍵字 SEO（search engine optimization）結果，或是內容行銷的文章，甚至是在私人社交工具上請教大神，乃至於只是轉頭詢問同事，都算是搜尋的一環。

✍ Site 轉換場所

　　指的是在消費者進一步想獲得品牌內部資訊，乃至於最終購買的轉換場所。這部分最終關鍵指標是轉換率與客單價，但相關變數卻極其多元與複雜。如在實體店面裡，從地點便利與周遭環境、視覺陳列與商品質感，人員服務與試穿流程，乃至於整體的五感體驗都是影響轉換的關鍵點。縱使在虛擬網站裡也沒有比較容易獲得高分，從網站

視覺到使用者介面，商品頁面的簡潔易懂、到金流無礙與物流便利與否，都是成就轉換的功臣之一。尤有甚者，在一些特殊通路中，如團媽、直銷與電話行銷等，都算是轉換場所的一種，自然也有其獨到的轉換手法。

✍ Safe 信任

無論在哪個場所轉換，信任都是首次購買時消費者在品牌印象的重要認知，而信任通常可分為理性與感性兩個部分。理性，可以是第三方認證，可以是媒體報導，可以是專家達人、甚至藝人代言推薦。感性的信任，則是消費者相信在這個網站上可以買到自己心儀的款式，收到貨時都圖文相符，甚至透過不同尺寸的試穿報告或小編穿搭，或是對於高價商品或是新進品牌選擇知名平台購買。

而信任也奠基了消費者終身貢獻率的基石，實體店面的消費者信任銷售員的推薦與商品品質，電商網站則在消費者收到商品後，開始親身驗證商品是否與網站描述的一模一樣。很多時候信任的建立需要一輩子，但毀壞卻只是一下子。對於消費者而言，一次的貨不對盤，可能就成為他揚棄整個品牌的支點。

✍ Sale 販促

指的是在特定期間內，品牌所舉辦促進販售的相關活動，通常以滿額贈送或滿額減價兩種形式執行，其多半與三種限定有關：限時、限地、限量。從另一方面來看，這也無形在降低消費者腦中的風險門檻，譬如加入會員首購優惠，便是降低風險評估，與誘使快速下單的手法。尤有甚者，許多品牌亦會使用限量贈品手法，藉以混淆消費者對商品的價格認知，甚至是藉由不易取得的贈品操作，短期拉高活動檔期的客單價與轉換率。

✍ Satisfy 滿意

指的是消費者從接觸品牌開始，一路到使用商品後的整體感受。

消費者對品牌的體驗其實是逐步累積的，也絕非只從拿到商品使用的那一刻開始，而是從需求出現，開始接觸到品牌資訊的那瞬間，開始從零開始建立對品牌的整體認知。許多時候，我們並無法準確判定消費者最終購買的原因具體為何？消費者也往往不是以單項分數最高的作為購買最終決策，而是綜合考量後取平均分數最高的作為該次購買目標，而透過實際購買體驗後，再次強化對品牌的信任，進而達成對品牌的整體滿意度。

品牌對於消費者滿意度應當有幾個思考方向：

① 品牌是否做到該做的事情，完成所承諾的課題任務？

② 品牌是否能提供了比消費者原本預期更好的消費體驗？

③ 品牌的整體體驗，是否會讓消費者在下次需求出現的時候願意回購？

④ 品牌是否有提供消費者主動分享美好經驗的誘因或捷徑？

Share 分享

分享其實不是專屬於網路世代的傳遞方式，早在街頭巷尾，口耳相傳的年代，口碑分享就是最快獲得資訊的模式。在工作場合一個回頭詢問同事的動作，乃至在便利商店順口詢問店員哪裡有在地人氣美食，都是品牌真實的口碑。而在其中能不能在消費者腦中建立滿意的消費經驗，乃至於創造適合口碑分享的素材或故事，是品牌預先就該準備好的腳本，而非讓消費者自行發揮。

Social 社交

而在網路社群時代來臨後，這才加速了口碑分享的速度與廣度，消費者不僅僅使用了口耳相傳的口碑分享外，更善用當下的社群工具，將每一個消費體驗，乃至生活中的每個瞬間，透過圖文甚至影片的方式，創造自己的社交紀錄。這模式除了能快速在同溫層傳播品牌訊息外，也開創了另一個反向趨勢，也就是品牌開始圈群組建社團，開始

分眾經營粉絲，愈是鐵桿粉絲，貢獻度愈高。進一步帶領這群鐵桿粉絲，成為品牌傳教士，創造在新零售混血時代內無限正循環的接觸點（SPOT）。

新零售混血時代來臨

　　傳統與電商的融合勢在必行，從品牌定位的世代轉型與數位落差調適、目標市場的解構與再結構，到虛實通路與工具的全面啟動與整併，乃至於品牌全方位整合行銷的陸海空之戰，都是在 2020 年前，無論品牌大小都需要面對的挑戰。

　　從現在開始到，我們會看見幾個新興趨勢具體成形：

　　新零售時代下的混血品牌逐漸勝出，再也沒有傳統產業，也不會有所謂的純電商，最終能夠存活的優質品牌都將是能順應數位世代後，能從品牌基因上做出調整的混血品牌。傳統產業開始大步邁向網路數位電商化，可能採取方式又較過往更為積極，大幅度的舊新結盟甚至是併購數位新創品牌，成為不可逆的混血趨勢；而電商也同步大幅壓境插旗過往只有傳統產業或是國際品牌才會進入的場域，如：實體旗艦門市、一線百貨設點、公關媒體操作、甚至是電視廣告投放等。

　　品牌開始造神運動，創辦人乃至品牌故事將開始劍走偏鋒，甚至誇張式的戲劇化，透過網路的傳遞，將持續細化品牌分眾，品牌開始追求穩固圈粉，而非快速擴張營業額，笑罵由人卻悠然自得的品牌成為新一代風格新創，已在市場占有一席之地的穩健品牌，開始尋求各分眾的最大公因數，透過各分眾的意見領袖進一步圈套新眾，品牌開始逐步分化，組織也順應調整。未來可能一個品牌的存活仰賴的並非成千上萬的消費者，而僅需要願意每月持續進貢的鐵粉經濟即可。

　　台灣大數據的具體應用開始出現曙光，由於台灣市場本身過於淺盤，因此造成所謂的大數據不一定真的非常巨量。而要透過真實數據的累積整理與歸納分析，引入對品牌行銷的消費者洞察作為轉譯介面，

數據開始從人性開始運用起，品牌行銷也開始升溫，說人話，台灣獨有的大數據面貌於焉產生。理性數據感性運用，將成為後續經營致勝的獨特品牌文化。

後記——我們眼中的彼此

我眼中的薪智

　　跟薪智的緣分其實很有趣，在幾個場合見過他，但都沒有正式交換名片認識彼此，大家常常順口提及聊起這位青年才子文筆流暢，年紀輕經就是各媒體專欄的特約編輯，如此而已，畢竟在我將近十年的行銷人生裡，有緣相識的記者朋友們不下百位，實話如此，沒有什麼深刻印象。

　　第一次比較近距離看到他工作是他訪問電商品牌女鞋「Bonbons」老闆 Lisa 時，看他拿本筆記，專注得像是棒球場上的打擊手，正等待時機捕捉受訪者口中隨口說出，但卻是最具震撼力的至理名言。那時候在心裡留下的第一印象，讓我對這位還沒正式認識的夥伴，感到有趣。

專注，是採訪者對受訪者最首要的尊重。

　　訪問結束後，Lisa 跟我閒聊時也提及，在這麼多個記者裡，她最喜歡薪智的訪問模式，我問為何？她說因為薪智不會強逼訪問一定要走他腦海初始的模式，反而他很願意讓受訪者暢所欲言，然後會感同身受，進一步思考，在那樣的時空背景裡，什麼是當下最重要的反轉關鍵或是決策點？然後一針見血提出，這時受訪者往往會有歷歷在目的即視感，自然也就會放下心防，說出很多從未公開的心路歷程。

　　也因為 Lisa 訪後分享，奠定了日後薪智來邀訪時，我對接受採訪的信任度。從事行銷公關多年，我的角色都是協助品牌發光發熱或是

在媒體上針對行銷案例提出分析見解，這還是第一次有個訪問是聚焦在自己身上。我想想也是個不錯的經驗，就答應了薪智首次的訪問，也提出我對訪問的要求：我要先看訪綱，再決定接受與否。

✍️ 訪綱，是記者對於工作的責任，是開始，也是結果。

薪智給我的訪綱洋洋灑灑，廣到從求學時期便要談起，深至感性或是企業主深夜會輾轉難難眠的恐懼害怕，我翻了幾頁又翻來覆去幾次，決定放棄照順序談，一個十年經驗的公關，不至於現場沒辦法處理簡單的一則專訪吧。

場上，我故意打亂薪智的訪問順序，我要求跳訪，從第一題跳第三題，再從後面講到前面，用倒敘的方式，其實對記者來說，是個極大挑戰，畢竟他必須在現場跟著受訪者進行時空穿越劇，然後立馬找到能夠一語中的的關鍵切入點，事實證明，他天生是個人物專訪的能手，在挖掘一個年輕創業家的十年人生過程中，成功的讓對方落淚，然後歷歷回想當年，那些曾經擒淚後悔，或是那些不得不為之的無奈悲切，這是薪智的文字，發智於心，成就真摯。

也因此在本書的規畫初期，我便思考想邀請他一同與我共筆創作，我上課他隨堂，我發話他記錄，我放手奔馳無邊無際，但他總能手到擒來，妙筆生花；容我感謝一句，沒有薪智，也斷然不可能有這本書的成果；我看著許多受訪的老闆傳來的感謝簡訊，心理不僅想著，這些身經百戰的老闆老總們，一位位都被他訪哭，甚至要求加訪再談，這是何等的榮耀與肯定啊。

或許他還太年輕，不夠格稱作資深記者，但絕對是說故事的行者！

給我的夥伴－薪智的話

我們不先苛求現在的自己成為精采的內容

但我們能將內容變得精采，讓真實更加耀眼

這是我們能為，也是應為的獨特人生

讀特，我們因閱讀而特別

因為獨特，所以讀特

U can be unique by reading.

我眼中的凱哥以及他的創業史

　　媒體的採訪經驗累積至今，人物專訪少說上百位，唐源駿（凱哥）是極少數讓我印象深刻的受訪者。最初跟他互動僅限於「臉友」，看到他個人學歷簡介寫大陸研究，直覺聯想該不會是跟我同一個研究所的「學長」吧？要在行銷產業遇到系友，機率挺低，甚至沒想過有這樣一位學長，在非法政公教領域，自己創業當老闆。起初沒深究問他的創業緣由，直到爾後訪談機會讓他深談自己的故事，也是如此，牽起我們一起寫書的緣分。

　　那次關於他的採訪會留下深刻記憶，原因是採訪時間完全超乎預期，中途他數度哽咽落淚。身為整合行銷老闆，幫客戶聚焦品牌故事是他的專業，但有一天突然要在外人面前，赤裸攤開自己的過往，記得他曾說：「你是第一個採訪我沒有意料會講這麼多事情的人。」

　　的確，媒體業界經驗，一篇一千多字的人物專訪，扣除事前功課、事後整理時間，單就採訪本質，一、兩個小時，要挖出創業心法及品牌行銷應用，已經綽綽有餘。但那一次訪談，我們花了雙倍時間，記得我踏出他辦公室的時候，天色從豔陽已轉成天黑時分。

　　採訪做足功課有備而去，訪綱問題羅列數十多題，尤其在行銷議題，凱哥講到一半突然插進一句：「你的問題真的鑽研很細！」

　　前半段的創業故事，彷彿坐上一趟時光機，我也沒意料到，凱哥的回答也很細緻，人生過往劇本，一幕幕分鏡，他講的很有畫面感。他口中流露出的佳句，出於工作慣習，好多次心頭一震：「對！我就是要挖出這些史料。」

　　因為他太多過往可以分享，所以我決定不要承襲以往經驗，唐突

打斷論述或讓話題戛然而止，就讓凱哥像自我呢喃一般，一次把心底想說的全部掏光。

另一件沒有預料的是，回憶過往員工情緣，毫無防備下他眼淚突然迸出。有淚有聲謂之哭；有淚無聲謂之泣，他一邊泣訴，清淚在眼角緩緩滑下。他，是個感性的人。

眼前這個人，他的思緒、他的觀點、他的決策，勢必承襲過往細碎人生經驗而來。他創業、他當顧問，揭開一層又一層生命結構，終究能在細節塵埃，能挖出一些歷史痕跡。串起點與點的步伐，某種程度也是在揭露這本書為何問世的原因。那些足跡，可以從他當年還在讀研究所談起。

🖋 溫室花朵無畏風雨

「其實我並不是想去中國大陸，而去念大陸研究，也不是因為念了大陸研究才去中國工作，這一連串都是巧合。」凱哥攻讀碩士，主因來自跟隨家裡腳步，父母是很早一波西進的台商，青春期後，幾乎長年未見父母身影。他研究所進度完成近三分之二，論文寫完，只差幾個學分沒修。他一邊在中經院當研究助理，心想這輩子不要從商，一路往上攻讀，拿博士資格走學術教職。

研究所接近尾聲，父母在中國事業突然失勢，一夕間家道中落。他坦言，原本家裡的經濟是衣食無缺到可以雇用「台傭」，他沒想過有一天換他低下身去餐廳洗碗打工。他顧不了理想，連學歷都不要，馬上投身職場，只想謀個職缺圖個溫飽。

凱哥第一份正職在食品行銷業，當年他的日常任務就是把公司研發的新品，對 Costco、百貨、生鮮超市這類通路採購報品。每天例行公事是駐點通路，報價、上架、補貨、搶櫃位，甚至周末生意大好，他還要客串當活動主持人做 Roll Show、假日去賣場做 Demo。八百多個日子，他學食品業流程、學行銷、學寫新聞稿，休假日數，兩隻手指數得出來。

28 歲那年，全球金融震盪餘波掃到台灣，站在通路第一線，他最

能感受到經濟景氣蕭條。「那時每天都在開即將到期的 XO 醬罐頭，一天可以倒掉快三百多罐。我有一天突然問老闆，每天都在倒食品，卻有的人沒東西吃，人生是這樣子嗎？」

創業動機來自肌腱炎

「我老闆反問我，那你想要做什麼？」每天倒食物，開罐頭開到長肌腱炎。凱哥每天望著架上即期品，除夕夜那天，加班到八、九點的回家路上，他坐在昏暗計程車內，路上無人空盪盪，一幕 XO 醬倒入土壤的畫面浮上眼前。老闆的反問，成為他創業契機。

農曆新年期間，他都在想，可以為這些快到期的商品做什麼？

他靈光一閃，一個食品業品牌每年有 2 ～ 5％商品要報銷，這些即期品，為什麼不在網路用低價賣出去呢？年後，他對老闆呈報新專案，老闆一聲 ok，允諾他在公司嘗試內部創業，「即品網」就在此狀態下成立。

「當時台灣沒有一家平台敢在網路賣食品，即品網從頭到尾，就是神經病在做的事！」目的讓消費者撿便宜，食品廠商不吃虧，又能減少食物浪費。

除夕才想出的點子，4 月 1 號網站就開了。兩個月不到的時間，他跟團隊花六萬塊做網站套版，找了阿華田總代理商與周氏兄弟兩家食品大廠家相挺供貨。

凱哥始終認為自己只是即品網創辦人之一，創業 Idea 來自他，但真正的執行力，要歸功於他當年老闆的力挺。他坦言，要這麼短時間，讓各種事情到位，絕對不是當時 28 歲小毛頭可以全權處理，「在我心裡，她始終是我最大的貴人與恩師。」

網站上線第一天損益兩平

「我針對當時的通路規則，商品效期過一半就進不去通路，因為怕上架還沒賣出去就快過期。所以想到，到期剩二分之一就打五折，

剩三分之一就打三折，效期剩一個月、一周不到的，就直接讓客人試吃。」

網站上線前幾天，他跟同事直接睡在辦公室，醒來窩在電腦旁不停上架商品型錄。這個點子流傳到媒體，大家覺得新奇，上線前就有記者前來拜訪，記者看到他們劈頭就斥喝「你們小朋友不要騙人喔，4月1號如果沒上線是愚人節笑話，媒體是不可能讓你這樣騙的……」

3月底報紙副刊做了半版報導，箭在弦上，不得不發。當時根本沒 FB、GA（Google Analytics）這些數位行銷工具，也沒下任何網路廣告，一場冒險，在 10 點開賣後見真章。時間一到，全部的人守在辦公室窩在螢幕前，眼看後台系統絲毫沒動靜，賣價、庫存數、賣價一格一格毫無跳動。

「我當時嘆了一口氣，覺得完了，都沒客人來。」MIS 安慰他說不用緊張啦，凱哥至今還記得，系統的第一行賣的是阿華田商品，效期剩不到三個月、原價 180 元左右，他們只賣 18 塊。原本存貨有兩百多包，按下 F5（注：網頁更新快速鍵）後，庫存量瞬間變 0。

「我不信還問 MIS，是系統故障壞掉了嗎？」十點五分，MIS 按下出貨報表的列印鍵後，那台列表機再也沒停過。在列表機逼逼逼的聲音環繞，團隊突然高興不起來，心想：「完蛋了，以後有時間睡覺嗎？」

卯起來檢貨、出貨，開站第一天，即品網就損益兩平。電話開始不斷湧進，就有歐巴桑在電話那頭說：「我沒有電腦啦，你們直接開倉庫門讓我進去挑！」許多長輩不會用網路的客訴湧入，讓他們思考，不如乾脆連實體店一起做？旋即允諾消費者開店，歐巴桑在電話另頭撂下狠話：「你說的喔，我等你！」

一週完成開店不可能任務

老闆聽聞要開店，馬上問：「你再說一次，你要在幾天內？」

「一週！」

老闆接著問：「你會開店嗎？」

「不會。」

老闆說：「嗯，一個禮拜要開一家店，很好啊，你自己開。」

老闆說完，人就飄開了。他心想有很難嗎？他從沒想過開店有多難。

當時公司在敦南 SOGO 附近，從五樓窗戶往下探，正巧看到樓下門店刊出大大的出租招牌。18 坪小夾層店家，一個月店租十多萬，可以說貴到「靠背」。

他老闆當時認為，反正也只開這一家，不知這些小毛頭會撐多久，算了，牙一咬就簽約了。

挑戰七天開一家店，凱哥開始量室內空間可以放多少 IKEA 櫃子，畫好平面圖，用最快速度牽線路、牽冷氣、裝 POS，把紙箱摺一摺作商品隔板，卯起來進貨、放貨，掛上招牌。

沒想到真的完成一周開店任務。開幕前一天，他直接睡在店內地板，上貨上到凌晨兩三點。

當天人潮從門口繞到街角，排隊人龍拉 100 多公尺。四月忠孝店、五月大安店，當年連開七家店，年營收預估上看新台幣一億。

但「即品網」真正目的不是賺錢，而是救回多少被倒掉的食物，廠商不用賠太多；消費者買到便宜又能吃得飽，這才是真正有意義的事。

✍ 創業原來會上癮

他在即品網的一年多時光，同時還兼顧食品行銷公司工作，一人分飾兩角的代價就是免疫力被破壞殆盡。

最後離開即品網的理由，眾說紛紜，最客觀原因是他生病了，「我自己知道我撐不住，所以我才放手即品網，要不然誰都不願意放棄自己辛辛苦苦養大的孩子。」兩邊業務同時成長，他賣掉即品網隔天就進急診室——腸躁症、結石、查不出病因的低溫燒，讓他一週內急診

室就進出三次。甚至有次全身無力到要請管理員幫忙，幫他從床上搬到椅子再用電梯運到樓下，住家離雙和醫院僅 500 公尺，他連用走，都沒辦法，只能叫計程車送。回到家整整躺了一個月，連要喝水下床只能用爬。

當時不到 30 歲，他玩了第一次創業，躺在床上的日子，開始想：「人生接下來要幹嘛？我真的很厲害嗎？還是剛好這個項目厲害？」

為了讓以前老闆放心，他離開時自己簽了一年競業條款不進入食品業，凡舉因前公司有關係的公司，延攬他加入，一概拒絕。

延續即品網助人的意念，兜了一圈，如果不賣東西但把自己經驗拿來幫助在創業的人、幫助產業想轉型的人，會不會有新的可能？如此，凱哥才會有第二個創業項目：捷思整合行銷顧問。

接下來的三四年光陰，他就像空中飛人，一半時間在台灣做案子、一半時間飛中國大陸當講師。當時中國市場對行銷資訊求知若渴，自然付費的金額高昂到嚇人。

凱哥不諱言，那時在對岸一個月收的講師費，足夠他在台灣養一個公司。

兩天 8 小時要付兩萬人民幣的課程，才剛講半小時，就有大媽學員急著跳腳，跑去跟助教說：「你確定這個小哥會教嗎？」工作人安撫她，請她坐下，並保證兩個小時後會不同想法。沒想到課程到中午休息時，這位大姊非但沒有走，還湊近他身旁說：「老師，剛開始我頂瞧不起你的，但現在很可怕，我跟不上你進度了。」

凱哥坦言，當年在中國苦的是體力不是心，除了公事有助教幫忙，大部分時間都是一個人在飯店吃飯。廣州、上海、北京、四川，客戶在哪就飛到哪。空中飛人教課、接案的日子久了，一個人靈魂再堅強，心還是肉做的。

有一次他在購物中心吃飯，越洋來電外甥一句：「舅舅，你怎麼還不回來？」他一個人在購物中心裡忍不住大哭落淚。心想這樣生活，過了一天是一天，但如果是十年呢？父母老了，自己又得到了什麼？

留下？離開？必須二選一的抉擇，即使當時身邊很多朋友勸他留下，原因無他，中國網路經濟正高速起飛，有著龐大無盡的商機。於名、於利，沒有人能輕易割捨，如果這時回台灣就太傻了。

但再多的利誘、虛名，卻都擋不住他三年來，始終無法「活著像一個自己想活的樣子」，身邊沒有親人、朋友，甚至沒親密關係，他把全部心力都放進事業後，卻在孤獨中發現，這好像不是他人生想要的。

於是，他最後選擇讓落葉歸根。

巨蟹座靈魂的公司

回到台灣，他帶領捷思全力衝刺品牌行銷規畫、公關、活動，第一個客戶案子就是幫忙代操 Facebook 粉絲團行銷。捷思目前一年營收穩定落在兩三千萬，客戶來自各產業龍頭集團。但對他來說，獲利只是為了生存，真正讓他能一路撐下去，其實是員工的凝聚心。

自己親身體驗過家中經濟由盛轉衰，同時背負房貸的壓力，他以前曾為了省錢，不想把錢花在飲食上，常常有一餐沒一餐。造就他對員工，希望像對待家人一樣，至少不能餓到。「捷思有個規定，我們幫員工包所有午餐，加班訂餐公司付錢，回家絕對搭計程車，公司買單。」

「我給你再多錢，也買不了你的青春；你給我再多錢，也買不到我的 Know-How。」巨蟹人的管理，在外人眼中可能過於重情，但卻也讓他得到員工暖心。

捷思成立至今已經邁向第八年，如今他還沒克服的還是「別離」。回想起第一位員工離去時，他哭了好久。他現在進辦公室時，員工會主動送上溫水、在外開會時幫忙提包，這些細微舉動讓他不禁情緒溢滿。

凱哥在描述創業最苦、最累的往事，情緒淡定，反倒想起員工的體貼，這位巨蟹座老闆，突然紅了眼眶落下男兒淚。他說捷思很多傳

統，其實都是沿襲自他在食品行銷界時，那位恩師老闆教會他的事。

做人做事要藏鋒

從即品網、捷思，再成立網路男鞋品牌 AMANSHOES，他一路連做三種業態的創業項目，很多啟發都是來自他當年第一位老闆，也是至今唯一一位的前老闆，他把她視為貴人、恩師。

「創業最害怕的，是當老闆起床那一天開始，沒有人可以問了。」他坦言自己是書讀很快的人，只要三天睡前幾小時，可以讀完一本厚厚上百多頁的書。

年輕時，吸收力強、做事利落、邏輯反應快，有時得罪別人卻不自知。

「藏鋒」是凱哥前老闆送給的醍醐灌頂。「她告訴我，當你覺得自己閃閃發亮時，全世界就會與你為敵，當你自己懂得內斂到全部的人都願意幫你，才會吸納最強的助力。」因此他學會慢慢收起過度刺人的鋒芒，也開始體會，無師要自通。

當年還是員工時，總覺得老闆是個神經病。朝令夕改、半小時前交代的指令，可以一夕變天。但當他當老闆後，有一天猛然發現：「我自己也開始是神經病了。」但這個神經病逐漸藏鋒。

凱哥很自豪，每一個員工生日他都記得。甚至曾有前員工，待了五年想離去前對他說，這輩子大概不會有第二個老闆，在他人生最低潮願意好好聽他說話。「我們都不是完美的老闆，但我們都試著成為別人生命中，永遠不願意遺忘的美好記憶。」

七年顧問下海玩品牌

「有時真的會覺得好累，心一橫，想說把公司賣掉算了！」

回想過去七年，曾遇到顧問合作戛然而止，幫別人養小孩的難過也不是沒有。2016 年 10 月，他在歐洲放假，正巧去歐洲知名男鞋公司 Bata 參觀。一通來自台灣的電話，是 Bonbons 創辦人 Lisa 打來，她

開口就問：「你怎麼沒想過做自己的品牌？」

推波助瀾 AMANSHOES 的誕生，命中注定來自「一個人捨不得另一個人」。

「敢不敢，做自己的品牌？」凱哥心想，這女人真瘋，才想要回「一定要現在談嗎？」話還沒說出口，馬上感受到電話那頭的氣勢，「一句話，要不要做男鞋？姊幫你……」

一場對賭，成為兩人合作的契機。凱哥投入全資成立 AMANSHOES，請 Lisa 當技術顧問，兩人沒有合約、不講利益的姊弟情深，對實情不熟的旁人，紛紛開始有些說小話、看笑話。

有人對 Lisa 說：「這件事看不出有什麼好處，不知道你為什麼要跟他合作，幹嘛那麼累？」

也有人對凱哥說：「你跟她很熟嗎？你就不怕她其實是要騙你啊？技術 Know-How 都她的，萬一她整碗捧去，你資本額都回不來，你不怕啊？」

面對雙方朋友人馬的轟炸質疑，他只覺得，兩邊沒計較，沒簽合約，未來會發展如何，我們真的不知道，但這不就是創業嗎？

品牌 2017 年 1 月正式上線，半年達損益兩平，營業額一個月超過 50 萬新台幣，平均客單價 4,000 多塊，最高紀錄客戶一次買上萬元。品牌成立第一個月，沒花任何一塊業配登上新聞版面，3 月參加 GQ 活動，當天撈到 400 多位 LINE@ 粉絲數，Facebook 網路評價至今維持 4.9 顆星。

很多人以為只要是鞋類，資源應該可以共用吧？事實上，AMANSHOES 男鞋廠是需要全新從頭開發的，凱哥幾乎用熬夜惡補方式，短時間頭腦塞進各種材質、編碼、看貨、下貨知識。從決定要成立品牌到第一批貨下單，只花一個月；從思考品牌名到網域註冊，15 分鐘內搞定。

在思考 AMANSHOES 的品牌個性時，他思索：「35 歲左右的男人，他的人生有多少面向？」他決定靠減法品牌學，切一條超級窄卻精準

的市場，品牌鎖定的客群，是一群對穿搭追求質感的輕熟男。

他知道，不是沒有市場，而是市場要買的人沒有選擇。「我不求市場大，但求精準、穩定、忠誠。雖然這一條很窄，窄到自己快不知道客人在哪的市場（笑）。」這也造就選品過程，品牌中心思想靠「刪去法」──風格不符合的不要、質感不好的不要、非真皮的不要、鞋墊不夠軟的不要。減法篩選出最合適品牌調性的鞋款。

📖 男人買鞋的祕密

目前 AMANSHOES 旗下，目前共有皮鞋、休閒鞋、明星鞋款三大類，韓風、歐美、日系風格都有。皮鞋定調風格、特別，但不怪異、不輕浮、不老氣；休閒鞋讓專業經理人離開辦公室後，連倒垃圾場合也能穿；而明星鞋款數比例占一成五，專門讓造型師、藝人再也不用飛日韓，就能挑到對的款式。

AMANSHOES 雖然從網路起家，但卻有一小區展間讓客人親自上門試鞋。上門客戶，不乏專業經理人，甚至有外國客人親自指定要試婚鞋。

這群輕熟男的買鞋，心中的共同考量是：「首重舒適、次看品質！」當鞋子夠舒適、使用材質、料子好，建立品牌信任，吸引客群就不是靠比價的人，品牌忠誠度自然建立起來。

AMANSHOES 從下完第一批鞋單就清楚描摹 TA（目標客群）圖像，從視覺色調、鞋盒、鞋套、包裝、破壞袋甚至鞋油都印有品牌 Logo。接下來做傳統行銷步驟，參與 GQ Suit Walk 周年活動，第一線觸及陌生客群，觀察目標族群購買情況，彈性調整鞋款比例。

蒐集客戶名單再做廣告投放，並與異業結盟合作，找到同類的 TA（目標客群）但不同競品的品牌，進一步導入新流量。同時商品大方借拍，藝人、借力使力增加曝光機會。再輔以數據，優化廣告、素材、行銷，達到商品與品牌步調一致性。

「利基市場雖然小，但小不代表養不活。」是他自己玩品牌的

信念，輔導別人的那套心法，同樣應用到自己的品牌策略。他相信
AMANSHOES 自己生、自己養的小孩，在混血零售時代，還有許多各
種創意玩法都在嘗試，未來一定會爭足面子！

從零元到億元的品牌淬鍊之路：

迎向新零售時代，創業者必讀品牌行銷經典，凱爺的整合行銷 8 堂課

作　　　者／唐源駿、陳薪智
封 面 設 計／周妙纓
美 術 編 輯／申朗設計
企畫選書人／賈俊國

總　編　輯／賈俊國
副 總 編 輯／蘇士尹
編　　　輯／高懿萩
行 銷 企 畫／張莉滎‧廖可筠‧蕭羽猜

發　行　人／何飛鵬
法 律 顧 問／元禾法律事務所王子文律師
出　　　版／布克文化出版事業部
　　　　　　台北市中山區民生東路二段 141 號 8 樓
　　　　　　電話：(02)2500-7008　傳真：(02)2502-7676
　　　　　　Email：sbooker.service@cite.com.tw
發　　　行／英屬蓋曼群島商家庭傳媒股份有限公司城邦分公司
　　　　　　台北市中山區民生東路二段 141 號 2 樓
　　　　　　書蟲客服服務專線：(02)2500-7718；2500-7719
　　　　　　24 小時傳真專線：(02)2500-1990；2500-1991
　　　　　　劃撥帳號：19863813；戶名：書蟲股份有限公司
　　　　　　讀者服務信箱：service@readingclub.com.tw
香港發行所／城邦（香港）出版集團有限公司
　　　　　　香港灣仔駱克道 193 號東超商業中心 1 樓
　　　　　　電話：+852-2508-6231　　傳真：+852-2578-9337
　　　　　　Email：hkcite@biznetvigator.com
馬新發行所／城邦（馬新）出版集團 Cité (M) Sdn. Bhd.
　　　　　　41, Jalan Radin Anum, Bandar Baru Sri Petaling,
　　　　　　57000 Kuala Lumpur, Malaysia
　　　　　　電話：+603- 9057-8822　　傳真：+603- 9057-6622
　　　　　　Email：cite@cite.com.my
印　　　刷／卡樂彩色製版印刷有限公司
初　　　版／2018 年 10 月
售　　　價／300 元
I S B N／978-957-9699-48-8

城邦讀書花園　布克文化
www.cite.com.tw　www.sbooker.com.tw